软件测试丛书

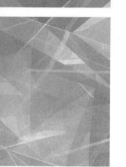

软件测试高薪之路
UFT/QTP面试权威指南

UFT/QTP
Interview Guide

【印度】 Tarun Lalwani 著

吴鑫 杜翔 赵旭斌 译

人民邮电出版社

北 京

图书在版编目（CIP）数据

软件测试高薪之路：UFT/QTP 面试权威指南 / （印）
T・拉尔瓦尼（Tarun Lalwani）著；吴鑫 杜翔 赵旭斌
译. -- 北京：人民邮电出版社，2017.4
ISBN 978-7-115-44419-6

Ⅰ. ①软… Ⅱ. ①T… ②吴… Ⅲ. ①软件－测试
Ⅳ. ①TP311.55

中国版本图书馆CIP数据核字(2017)第021140号

版权声明

Simplified Chinese translation copyright ©2013 by Posts and Telecommunications Press
ALL RIGHTS RESERVED
UFT/QTP Interview Unplugged, by Tarun Lalwani
ISBN: 9780983675945
Copyright ©2012 by Tarun Lalwani
本书中文简体版由作者 Tarun Lalwani 授权人民邮电出版社出版。未经出版者书面许可，对本书的任何部分不得以任何方式或任何手段复制和传播。
版权所有，侵权必究。

◆ 著　　　　[印度] Tarun Lalwani
　 译　　　　吴 鑫 杜翔 赵旭斌
　 责任编辑　张 涛
　 责任印制　焦志炜
◆ 人民邮电出版社出版发行　　北京市丰台区成寿寺路 11 号
　 邮编　100164　 电子邮件　315@ptpress.com.cn
　 网址　http://www.ptpress.com.cn
　 北京艺辉印刷有限公司印刷
◆ 开本：800×1000　1/16
　 印张：13.75
　 字数：280 千字　　　　　　　　2017 年 4 月第 1 版
　 印数：1 – 2 500 册　　　　　　 2017 年 4 月北京第 1 次印刷
　 著作权合同登记号　图字：01-2013-9200 号

定价：59.00 元
读者服务热线：**(010)81055410**　印装质量热线：**(010)81055316**
反盗版热线：**(010)81055315**

内容提要

本书写法新颖，以一名测试程序员面试一个著名公司的故事为主线，把测试中遇到的面试问题、QTP 在项目实战中的技术问题风趣幽默地表达出来，有别于大多数技术书平淡的讲述方式，阅读起来使人爱不释卷。本书涵盖从基础到复杂的 QTP 相关的概念和技术，学起来非常有意思，可以彻底消除 QTP 实践者关于 QTP 的误解和怀疑。

本书适合手工软件测试人员、分析人员，想转入自动化或 QTP 的管理者。总之，各种级别的软件测试人员都适合阅读本书。

推荐序一

近年来，许多 IT 公司已经意识到软件测试是他们研发工作的必要组成部分。软件开发领域的引领者，如 Google 或 Facebook，已经认识到自动化测试的必要性。举一个实例，Facebook 需要应对成千上百次修改的安全升级，包括缺陷修复、新增功能和产品改进。面对几百名工程师，每周几千次的修改以及全世界上亿用户，Facebook 在他们每次发布的工作中都依赖于他们的自动化测试，包括单元测试和 GUI 测试。另一个实例是，Google 专门成立了一个产品团队，研发致力于提升生产力的内部和开源工具，这些工具提供给全公司的所有工程师使用。他们负责研发和维护代码分析工具、集成开发环境、测试用例管理系统、自动化测试工具、构建工具、源码控制系统、代码走查调度程序、缺陷数据库等。研发这些工具的出发点是为了提升工程师的效率。绝大部分工具在战略目标层面上，预防的意义要大于检查。

以上传达的信息已经很明确了：有质量的软件发布无法脱离有效的自动化测试。有很多自动化测试工具都可用于支持自动化测试，最流行的第三方自动化测试工具是 HP 的 QuickTestProfessional："HP 仍然在市场上占主导地位，在各大公司都能见到它的身影。它的主导地位体现在所有其他工具的定位都围绕 HP 的工具，已经有不少竞争对手集成至 HP 的产品中。"事实上，所有的业务集成商、业务外包提供商和测试咨询公司都为 HP 的产品线提供支持，这使得公司可以非常容易地找到有经验的测试人员。目前，SAP 已经重新将 HP 的测试工具当作整体质量解决方案的一部分进行重新销售。HP 通过收购，为安全分析增加强有力的供给扩大自己在质量领域的占有率。新产品原计划于 2011 年发布，结果在 2010 年就上市了，这体现出 HP 缩减了在技术创新方面的开支，用以扩展质量解决方案的广度（加入测试数据管理和手工测试），以及占领 ALM 市场的更大份额。这个公司研发了各种与软件质量相关的工具，如功能测试工具（包括 QTP）等。

QTP 作为一种非常强大的工具，有必要有一本教你"如何用……"的书。Tarun Lalwani 已经向不少年轻人或有经验的 QTP 使用者传授过非常有用的 QTP 相关的知识。他的第一部著作是《QuickTest Professional Unplugged》。《And I thought I knew QTP !》是紧随第一部著作的又一力作。Tarun 提出的"必须看"的指南可以帮助读者成功地完成 QTP 测试工作。尽管这本书的标题感觉上与用 QTP 进行自动化测试类似，比较枯燥，但是这本书的语言组织非常优秀，并且非常有趣，形式类似"访问"。通过提问加回答的方式，深入解析各种可能遇到的 QTP 相关的问题。这本书为大多数用户可能遇到的 QTP 相关的问题提供了明确的解决方案，并且提供了针对入门到进阶各种级别的 QTP 用户所需的大量必要的知识。

Elfriede Dustin

自动化软件测试布道者

Elfriede Dustin 是一名拥有 20 多年经验的 IT 老兵，个人创作过及与别人合著过《Web 系统质量管理》《软件安全测试的艺术》《自动化软件测试》《高校软件测试》及《自动化软件测试实施》等著作，目前供职于 ITD。

推荐序二

"我认为这本书将成为另一种类型的技术书籍！"

Tarun 的新书《我认为我掌握了 QTP》是技术书籍创作领域的一种不寻常的革命。它不同于我之前读过的其他技术书籍。里面介绍的方法都非常有趣，这将激起你继续往下阅读的兴趣，就好比读一本科幻小说。整本书都非常有趣，阅读起来会很愉快，但是不要把它当作是一本技术参考工具书来使用。这是一本从头到尾读一遍后能够学到不少知识的书。

Tarun 在某种意义上通过写这本书改变了技术书籍的创作方式。我希望其他作者能够从中得到启发，并能在将来的写作中使用类似的结构和格式。Tarun 能够写出这样一本"本垒打"式的书籍应该得到赞美！

AJ Alhait

AJ Alhait 是 SQAForums.com 和 QAtraining.net 的创始人和所有者，涉足软件测试领域超过 18 年。SQAForums.com 汇集了各种 QA 专家，拥有 190000 名会员。作为一个知识分享的平台，它已经帮助到许多专家提升他们的专业知识。Tarun 一开始也是通过 SQAForums.com 分享知识，后面转到经营个人博客 KnowledgeInbox.com，现在则通过书籍传播知识。

前　言

本书是荣获第二届 ATI 自动化图书奖的、业界称其为自动化测试 QTP 专家的又一力作。

最近，在进行我们公司的工作访谈时，我发现许多参与者连 QTP 相关的非常简单的问题都答不上来。我发现他们中的部分人是有一些实践经验的，但是却无法解释背后的原理。然后，一些应聘者明显夸大了他们在这个专业领域内所掌握的知识或技能的等级。

直到一年前，为了推动促成一份标准答案的形成以及避免阻碍别人的自主思考，我首先想到的是在各大公开论坛上不回答任何问题。即使我回答了这些问题，但我首先会看这个人在寻找答案上面已经做了多少努力。

但是，最近与组员的一个模拟访谈激发了我一连串的想法。在访谈过程中，她非常紧张，连一些基本的问题都无法回答上来，实际上她的实践经验却非常丰富。这使我意识到大部分人可能有很强的实战经验，但是对 QTP 背后的原理知识却非常匮乏。

这次事件之后，我开始"混迹"各种论坛，寻找 QTP 相关的问题和回复。最糟糕的是看到不少新手提供的错误答案。例如，有一个问题是"能否在 QTP 中使用 JavaScript"，回答是"可以，我们可以在 QTP 中使用 JavaScript，但是使用之前，必须安装 Java 插件"。这仅是这些可能严重误导新手的众多回复中的一条。还有其他一些用户还依赖于这些回答来解决问题。看到这些回复和技术支持，我非常吃惊，与此同时，使用者分享的是这些错误的知识也让我感到一丝担心。

如今，世界各地的专家都会避免回答这些已经有标准答案的问题。但我最近的一些经历使我意识到，更重要的是需要专家正确回答这些问题，从而消除在 QTP 知识上的误解。

有了这个目标，我决定写一本关于 QTP 的书，采用故事流水线和基于对白式的方式，取代大多数工具书可能采取的平淡的 FAQ 的格式（限制了对白的范围）。本书将涵盖从基础到复杂的 QTP 相关的概念，学起来会非常有意思。这是我写本书希望达到的目标，消除 QTP 实践者关于 QTP 的误解和怀疑。

目标读者

手工测试人员、分析人员，想转入自动化或 QTP 的管理者，各种级别的软件测试从业人员都适合阅读本书。本书涉及 QTP 相关的各种概念，能够提供理论和实战知识。希望本书能够以一种简单的方式介绍这些概念，而听起来又不过于简单。

本书的所有角色和姓名纯属虚构，若与真实人物/公司/姓名/资料/产品雷同，纯属巧合。编辑和投稿联系邮箱为：zhangtao@ptress.com.cn。

作者

目　　录

故事的开始（2013 年 1 月）

我乘坐的航班大约在上午 11:00 顺利抵达位于印度西部的普纳机场。QueenFisher 航空很少晚点，一直以来是我的心头所爱。路途的奔波让我身心疲惫，此时我最想做的事就是赶紧取到行李，马不停蹄地回到温暖的家中。可事与愿违，由于传送带机械故障，我不得不又眼巴巴地多等了 40 分钟，最终，我拿到了行李，搭上了预约的出租车，飞驰回家。

正所谓福不双至，祸不单行，老天又跟我开了一个玩笑，突然毫无征兆地下起倾盆大雨，往往坏天气总与严重的交通阻塞联系在一起，可事实还不算太糟，大约 13:30 我终于拖着疲惫的身躯踏进了家门。

（……）

第二天是美好的周五，一星期中最后一个工作日，也是公司每周的便装日，轻松惬意的笑容洋溢在每个人的脸上。像往常一样，我点开了 Outlook 查收邮件，旋即，我便被收件箱上的提醒数字震撼到了，一共只请了 2 天假，竟然收到整整 226 封邮件！我粗略地浏览了一遍，发现大约 200 封邮件都是转发，我根本提不起半点兴趣，"真是浪费时间"，我心里嘀咕到。不过，那时我应该正在海滩上享受着美好的假期，我可不希望被这些麻烦事打扰。

整整 7 年，项目交付日程安排一直非常紧迫，我曾经很习惯那样的生活，突然有了假期，一下子抛去工作，全身心地放松下来还真有些不太习惯。这种感觉有些奇怪，我并没有感到由内而外的舒畅和放松，可毕竟，终于有机会能休息一段时间还是不错的。

午间，照例和我的朋友们围坐着共进午餐，两天不见，他们问得最多的一个问题是，"这两天发生了哪些事？快给我们讲讲！"我有些语塞，不太想回答这问题，可一时间又不知道该如何转移话题。他们似乎从我的闪烁其词中读出了什么，但又不得其解。

午休后，我拿起桌上的一些文稿，这是一些我已经收集已久的文章，没想到只读了开头，便被深深吸引住了，这些文章实在太引人入胜了，不知不觉几个小时便过去了，当身边的同事们纷纷开始整理公文包，我才意识到下班时间到了。

晚上闲来无事，我打算再看一遍我最爱的电影——《黑客帝国》。我实在非常喜爱这系列的价值观和世界观，在我看来，电影里提出的那些有趣的问题有着丰富的内涵，它与人的生活息息相关，是对现实世界的一种思考、描述以及刻画。

DVD 里的碟片旋转着，而我怎么也无法集中精神，这一周发生的事如电影般一幕幕在我脑中重放。我认为我可能已经搞砸了一件也许能改变整个故事走向的事，可现在说什么都晚了，事已成定局，一切已无法重头开始。如果这件事是一个人能决定的，那也许还对我有利，可惜的是，有许多人牵涉其中。

我的室友两周前因为一些事已经回老家去了，看着略显冷清的屋子，我意识到，一个人过周末实在难熬，想来，我也好久没去影院看电影了。于是我拨通了两个好友的电话，相约去看最近上映的大片。我们约在 FSquare 影院见面，可令人失望的是今天所有的热门场次已满座（见上图），影院已不再出票。天哪，是不是所有人都在跟我对着干，约好今天来占领影院！真是祸不单行。

正当我们准备打道回府时，一个小个子凑上来，"《Feel N Freadky》的票要吗？朋友送我的票，还多了几张"，我愣了一下，虽然这部电影情节可能有些悲伤，但是我们也没什么其他选择了。"我们要了，价格多少呢？"，"如果你们有 a KodaFone cell connection，我就免费送你们 2 张票！"，免费送我们？我们恰好都有 cellular service provider！真是太幸运啦！"来，给你票！"小个子爽气地递过两张票，转身离去了。这时我才意识到，我们一共有三个人，而只有 2 张票，不可能 3 个人一起来，就 2 个人进去看电影，这样未免太不够哥们义气了。经过紧急商讨，我们决定去附近另一家影院碰碰运气。

路上我朋友问到，"那这 2 张赠票就不要了吗？真可惜""哎，算了，随它去吧，我们有 3 个人，不能把你留在影院外。"，我打趣道。

当我们穿过马路向停车场走去时，我无意间撇头看到不远处有两个风姿绰约的年轻女孩，突然一个念头闪现出来，我快步上前，来到女孩们的面前：

我：hi，打扰一下，请问你们想看《Feel N Freadky》吗？

（她看了我一眼，眼中闪烁着狐疑的目光）

女孩：嗯，我挺想看这部电影的，不过……

我：那就行了，我有两张票，我们有事不去看了，你们要的话就给你们吧。

还没等女孩做出反应，我便把票塞到她手中。

女孩：多少钱？

我：免费的，送你们的，希望你们喜欢这部电影。

女孩：这样不太好吧，我觉得还是得给你钱。

说着，她开始从包里取出了钱包。

我：真的不用，我有急事没办法去看，不能浪费了这票。

当我回到伙伴们身边时，他们已经停完车等候多时了。我们来到另一家影院，幸运地发现这里好多热门场次都还有余票任我们选择。按照惯例，明主表决后，大家一致决定看 18:30 场次的《Inception》，购票完毕，看表才 17:15，还有充足的时间够我们去悠哉地点上一杯 FarBucks 咖啡，再闲扯几句，打发时间。坐在舒服的沙发座上，我品了一口香草拿铁，任香浓的咖啡唇齿留香，悠悠地闭上了眼睛，这几天发生的不同寻常的许多事又闪现在眼前。不过，我还没来得急多想，Raju 就打断了我的思绪，"喂，发什么愣呢，是不是还在想刚才的美女呢？"，我猛然间从回忆中挣脱，回到现实。

电影 18:30 准时上演，一气呵成，酣畅淋漓。我之前从没有看过情节如此跌宕起伏、引人入胜的电影，整个过程我几乎紧张地不敢眨眼，生怕错过任何一个镜头。影片描述了一种能够潜入人类的梦境并且盗取思想的神奇超能力，我着实佩服编剧天马行空的想象力和对梦境完美诠释的掌控力。我不由地感慨道，目前对于人类沉睡后大脑的活动状况的认知实在是少之又少。不过实话说，我对此倒是没有很感兴趣，比起对什么事都了如指掌，我倒是宁愿选择舒舒服服地好好睡上一觉。

看完电影，我们到 Inland China 餐厅用餐（见上图）。那是我第一次尝试这家餐厅，也正是有了这次愉快的体验，之后好长一段时间我都对中国菜情有独钟。我深深爱上了拥有五千年文化底蕴的东方美食。真是一个完美的周末之夜！

第二天，一觉醒来已是周六中午，窗外阳光明媚，我赶紧起床美美地享用了一顿早午餐。读完报，我用一下午时间打扫房间。

周日如期而至，我怀着务必期待的心情关注着邮箱，等待着那一封邮件。一整天，我几乎都在不时地敲击键盘上的 F9 按键刷新页面，第一时间阅读每一封 'WhyMail' 收件箱内的新信息。然而，我所期待的那一封却迟迟未到。接下去的三天，情况依旧如此，我浑浑噩噩，意志消沉，我想，也许它再也不会来了。我无比失望却无能为力，我安慰自己，这不是世界末日，一切都会好起来。我努力收拾心情，用 Andrew 的一句名言自勉。

"成功或是失败都是生活的一部分。你必须从失败中总结经验教训，然后以更坚定的决心投入到新的挑战中去。"

日子一天一天过，我也逐渐调整好心情进入正常的生活轨道。又是一个美好的周五，大约是上午 11:00，手机铃声响起，一个熟悉的来自德里的电话号码闪现在屏幕上。我眼前一亮，是的，这正是我日思夜想、一直在等待的那个号码。

我：你好。

打电话者：先生，您好，这里是 ISEEI 银行。请问您有意向在 ISEEI 银行做购房贷款吗？

我：（此时此刻，我的心情犹如过山车一般，才刚开始直上云霄，就突然向下俯冲，跌到谷底。要不是一贯以来以绅士自我要求，我就立刻挂断电话了，我决定打发下无聊的时光。）

我倒是有些兴趣，请问你们同时也提供一些免费的房源信息供选择吗（见下图）？

打电话者：先生，您好，我们只提供购房贷款，目前暂不提供房源推荐服务。

我：但是，我都没有合适的房屋，贷款有什么用呢？

打电话者：先生，房源信息可能需要您自行寻找或者稍后相关专业咨询顾问可以联系您协助您做选择。

我：我考虑一下吧……对了，一般我最多能贷多少呢？

打电话者：先生，您方便告诉我您在哪儿工作以及月薪多少吗？

我：我在德里 CannotPlace 有一间小茶馆，生意还不错，不过我不太方便透露收入。

（我就东一句西一句和打电话者扯了好久，最后她礼貌地挂断了电话。）

我瘫坐在座位上，这几周发生的事又一次浮现在脑海。一切都要从两周前的那个如往常一般平静的周一说起。

两周前

俗话说，一日之计在于晨，一周之计在周一。对于我来说，周一常常与繁重的项目相伴，再加上还没从休闲的周末中调整过来，周一真的没那么可爱。不过，那天例外，一大早我就听到一个好消息，我为之奋斗了无数个周末与加班日的项目已经顺利验收通过，这一刻，我觉得所有的付出都是值得的，我仿佛看到了客户投来的满意、肯定的目光，闭上眼，耳边似乎响起了大家赞许的掌声，终于，我感到难得的轻松与惬意。一直以来，我始终处于高强度、大压力、版本更新频繁的工作环境中，需求总是在变化，竞争对手总是在抄袭，客户总是在抱怨，这一切都已如家常便饭。不过那一天不同寻常，我觉得每个同事都那么友善，大家似乎都笑眯眯的。也许没有什么事比能得到客户的肯定更让人感到高兴的了。突然，一个提醒框在桌面上跳出来，原来是客户提出的小组会议请求。右下角的时钟显示当前时间 10:00，相关人员也陆续进入会议室，静待会议开始。

我找了个空座坐下，环顾四周，Tiniv，Yogi，Rehm，Jhinga，Bignes，以及我的项目经理 Saili 都已经到了，唯独缺了 Kates。我赶紧拨打了他的分机电话，"Kates，在哪儿呢？大家都到会议室了，就缺你了，会议还有 2 分钟就要开始了。"

随着客户方的代表 Charles 加入会议，会议正式开始。我们都知道 Charles 讨厌电话会议被烦人的手机铃声打断，因此我们早就乖乖地将手机调至静音。

Charles：大家早上好！

Team：早上好，Charles！

Charles：我相信大家已经知道项目已经顺利通过验收的消息，今天的项目会议也基本上是最后一次了。事实上，我们已经共同奋斗了足足 6 个月，不过，我常常觉得我们像是才开始合作没多久，我想可能我是真的非常享受和你们一起工作的时光。

（我心想，"拜托，你敢不敢问问我们的想法！我觉得项目像是已经进行了一年之久！"）

首先，我向各位这半年来为项目付出的辛勤劳动表示最衷心的感谢。虽然我们遇到许多困难和挑战，但你们团结一心、奋力拼搏，最终取得了最后的胜利。

我相信，没有各位的汗水，就绝没有如今的成功，我由衷地为所有人感到骄傲，以你们为荣。

很高兴有机会和大家合作，我非常希望以后我们还有机会坐在一起。好了，我说了那么多，Saili，你还有什么想补充的吗？

（我被 Charles 这一席话惊得目瞪口呆，这还是我认识的那个 Charles 吗？他今天完完全全像另外一个人，整个会议的气氛也和往常大不相同，经常不断提出缺陷与问题的测试团队今天也集体"良心发现"，显得尤其和善亲切，他们可是一贯会连珠炮似地抛出新问题，搅得我们周末不得不来公司加班。）

Saili：那我就补充几句。首先我衷心感谢 Charles 对我们团队提供的大力帮助。如果没有你们的支持，项目可能就无法在预定时间内顺利完成。

（大力帮助？……有吗？我偷偷冲着 Saili 扮了个鬼脸，她微笑回应。）

我也想谢谢我们团队的每一位成员。我知道你们在过去的几个月里都投入了百分之一百二十的努力。因此，我们在今天获得了可喜的回报，你们每个人都是最棒的！

Jingha，你一直在负责整个项目的版本交付工作，你完成得非常好。

Nurat，你是 UFT 方面的专家，感谢你一直以来的专业技术支持，你帮助我们解决了大量的相关技术难题。

Rehm，Bignes，Kates，我知道这是你们真正意义上的第一个重大自动化项目，不过你们表现得非常好，相信通过这次实践，你们一定已经对 UFT 和自动化测试有了相当的了解与认识，我为你们骄傲。

（这一刻，笑容浮现在每个人的脸上，Saili 的一席话对大家有一些鼓舞作用。）

Tiniv，Yogi，可以说，你们负责的 SWAT 模块是复杂并且最难去实现自动化测试的。但是你们克服了困难，不仅完全理解了代码，还实现了各种场景下的自动化测试，完全打消了我们早先的顾虑。再次感谢大家，谢谢！

（我们觉得这个项目结束后，大家应该能得到一周的休假，因此都分外激动和喜悦。）

Charles：谢谢 Saili 精彩的发言！刚才我忘记一件事，我们领导对这次项目顺利通过验收感到非常满意，并且决定准备分别送各位一个 8GB iPod 略表心意！（见下图）

（Saili 按住了会议电话机的麦克风静音键，旋即，会议室里爆发出一阵欢呼，我们相互击掌庆贺。我们为了项目的成功而异常兴奋，当然，还有一个意想之外的来自客户的礼物。我工作七年来，几乎从未收到过客户的礼物，这是对我们工作的高度评价。）

一直以来，我们看到 Charles 就发憷，她不苟言笑，常板着一张脸。不过，今天她竟然破天荒地冲着我们竖起了大拇指。

我们团队：谢谢 Charles！

Charles：大家太客气了！我一会还要跟大领导开会，要不我们今天就到此为止吧。

再次感谢大家，谢谢！

会议圆满结束，我们走出会议室。回到座位，我发现我手机有 3 个'未接来电'，号码很陌生，正当我要查一下来电是何人的时候，Raju 从背后玩笑似地拍了一下我的肩膀，笑着说道，"Nurat，老兄，项目终于结束了，再也没有无尽的加班啦！"

"是啊，这项目还真挺有挑战的，不过万物有始就有终，我们总算盼到这一天了！"我们默契地一起大笑起来，正由于有了这个小插曲，我完全忘了未接电话的事了，顺手把手机揣到了上衣口袋。

"今天心情好，去喝杯咖啡不？怎样？"Raju 提议道。我愉快地接受了邀请，"完全没理由拒绝，今朝有酒今朝醉，明天不知道会不会又来麻烦的项目了。"于是，我叫上了好友 Kulu。三人行必有我师焉。

我们步出办公楼，来到不远处的咖啡屋，点了三杯香滑的卡布奇诺（见下页图）。我们在角落的一张圆桌旁坐下，我突然想起那几个来自陌生号码的未接电话，陷入了深深的疑惑中，这会不会就是那里的电话呢？不一会儿，我们的卡布基诺到了，Raju 抿了一口润滑的奶泡，打破了暂时的沉默，"Nurat，下一步你有什么打算？继续留在公司，还是你已经开始在外面找更好的机会了？"

我也抿了一口，奶泡润滑香甜，咖啡苦涩香郁，美妙的味道在口齿间流连，"我还没仔细考虑过，不过有一点是肯定的，我想继续钻研 UFT，参与相关的项目，面对更大的挑战。"

Kulu 皱了一下眉，"你还真是 UFT 狂人，经过这次项目的折腾，你还觉得不够挑战吗？"

"他实在是太爱 UFT 了，看来他真是打算成为 UFT 大师了。"Raju 打趣道。

"我觉得只是了解 UFT 如何使用是远远不够的，还需要学会如何在现有的环境中高效地使用测试工具。所以，要不断参与有挑战的项目，通过实践把学到的理论知识转化为实际能力。"我笑着补充到。

美好的时光总过得很快，20 分钟后，我又坐回办公桌，刚把手机放到桌上，屏幕就开始闪烁了，这时我才意识到，会议结束后我都忘记把手机调回普通模式了。我拿起手机，接通了母亲的电话。

我：妈，是你吗！

母亲：Nanu，你好吗？

（我叫 Nurat，而我母亲从小就亲切地称呼我 Nanu，我已经长大成人了，每次被喊起，总还觉得有些尴尬。母亲大人一般这时不会给我打电话，莫非是家里出什么事了？我有些忐忑不安。）

我：妈，是不是有什么事？

母亲：没事没事，一切都好，别担心。我打电话就是想告诉你一声，我收到你新办的借记卡了。

（我这才想起来，由于我原本的借记卡掉了，我确实重新申请了一张新的借记卡。）

我：哦，我知道了。妈，你先替我收着卡，我下次回德里的时候去取。

（同时，我的手机提醒我有一个新的电话呼入）

我：妈，我有一个重要的电话马上接一下。回头我再打给你吧。

于是，我接通了新的来电。

电话咨询一

我：你好，请问是哪位？

打电话者：你好，请问是 Nurat 先生吗？

我：是我，有什么事吗？

打电话者：你好，Nurat 先生，我是 NoPay 咨询公司的 Megha（见下图）。

我：你好。

Megha：我们的客户公司现在有一些自动化方面的开放职位，我看到您已经注册了 BeastJobs.com，不知道您是否有兴趣了解一下？

我：请问职位有哪些具体要求？

Megha：我们的客户公司需要招聘具有自动化测试框架设计以及开发能力的人才，希望有一些相关工作经验，最好能熟练掌握 UFT。

我：听上去不错。方便透露是哪家公司吗？

Megha：好的，公司名称叫 MecroHard。他们在美国和印度都有分部。这次的开放职位在总部。

我：我对这个职位挺感兴趣。

（此时的我可谓心花怒放，我简直无法相信我有机会能够进入这个行业内鼎鼎有名的公司。）

Megha：好的，既然您有意向，那么我就帮您安排一次电话面试，可以吗？

我：当然可以，麻烦您了。大约会在什么时候？

Megha：他们算是急招，所以希望今天就能够完成电话面试。您看今晚8点如何？

（我心想，今天项目完结了，应该能准时下班，8点面试不成问题。）

我：我看行。再多问一句，一般来说，电话面试会面哪些东西呢？

Megha：第一次电话面试主要是技术面试，他们会先了解一下您对UFT的基本掌握情况。如果您时间上没问题的话，我就帮您安排在今晚8点了。

我：好的，谢谢。

挂了电话，我看了一下时间，11：30，又到了午餐时间。我背靠着办公椅，回想着刚才发生的对话，我以为，我会一点也不担心晚上的电话面试，反正Megha说那只是关于UFT基础知识的考核，毕竟我已经有很长时间的相关工作经验了。然而，可能是新的位置的挑战让我不由自主地心奋不已，手心竟然微微沁出汗珠。算了，别多想了，先吃饭。

我叫上Raju、Kulu和Uma一起享用午餐。一直以来，我们习惯了围坐在自助餐厅一角的圆桌前边吃边聊，也常常谈谈项目进度，交流一下自动化测试方面的心得体会。其中，除了Raju和我外，其他人平时都在跟手工测试打交道，因此，他们并不太熟悉UFT，也常常会探讨学习UFT工具的使用技巧。

用餐完毕，我回到座位例行检查新邮件，Prasad先生半小时前发的邮件跳了出来，"Nurat，等会到我办公室来找我一下。"我想也许是领导需要派发新的任务。当我到达Prasad先生的办公室时，他正聚精会神地盯着电脑屏幕，我稍作等候，待他的目光移了过来，"Prasad先生，您找我？"

"哦，是Nurat，我找你主要是想问问你最近忙不忙，是否可以着手调研一下这个新项目？"我望着Prasad先生坚定的眼神，我知道与其说是询问，不如说是命令，这个任务我非接不可了。"最近不忙，没问题的，交给我吧。"Prasad先生满意地点了点头，我接过文件，回到自己的座位，心中生出一个大大的问号，为什么此事不是出自合作已久的Saili之口，而是来自之前工作上鲜有接触的Prasad先生。无论何时，这些文件是一定要花时间研究了。只看了前面一小部分，通过扩展查阅资料，我就学到不少关于UFT的使用技巧。起初，我预计下午4点看完文档，最多拖延到4点半。可当我全身心投入到钻研中时，我就忘记了时间，再次抬腕看表时，已经是下午5点半了。难以置信，我竟然收获颇丰，对于晚上的电话面试，我也更加有信心了。

为了尽早赶回家，我收拾好公文包，急匆匆离开公司。现在已是下班高峰，看着路上龟速挪动的车辆，我决定骑摩托车回家。可万万没想到，今天的交通状况看起来比往常都要糟糕，连非机动车区域也无法畅行，路人的耐心被不断消磨，不断有人逆向行驶，这样一来，交通彻底瘫痪。

我至今都清楚记得当时混乱至极的状况，时间不断逝去，到了 18:30，我大约只驶出公司 1.5 千米。我有些恼怒，感觉也许无法在计划时间前到家了。万幸的是，大约在 18：50，几个交通警察开始疏导交通，最终糟糕的情况得到解决。原本只需要 25 分钟车程的路段足足花去了 1 个半小时。

拖着疲惫的身躯回到家，一看表，距离面试还有 40 分钟，我第一件要做的事就是痛痛快快地洗个热水澡，好好放松一下。整顿完毕，神清气爽，坐在沙发上静候 20 点的面试电话（见下图）。

等待总是备受煎熬，房间里出奇地安静，静得可以听到墙上挂钟滴答滴答的走秒声。指针已经指向 20:15，我有些坐立不安，心里没着没落的。

又等了 25 分钟，此时的我已是饥肠辘辘，我想也许电话是不会来了，既然如此，我决定去厨房为自己准备晚餐。当我刚踏出房门时，手机响了起来，仿佛是设置了感应器，只要我一离开房间，电话就立刻嘀嘀作响。我急忙折回，接起电话。

电话面试

我：您好！

打电话者：您好，NUrat，我是 MecroHard 公司的 Ekta，不好意思让您久等了。现在我就把电话转给您的面试官（见下图）。

我：好的，谢谢。

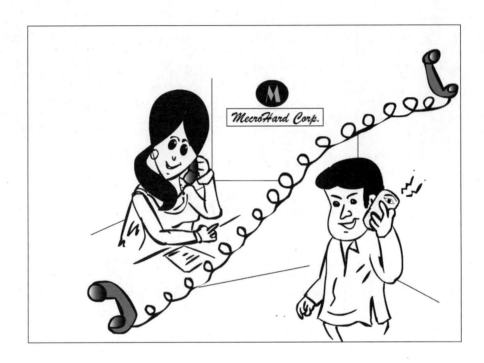

面试官：Nurat，您好，我是 Samir。由于发生了特殊状况，没来得及在 8 点准时打给您，非常抱歉。既然已经比预定时间晚了许多，我们就直接进入正题吧，现在可以开始我们的面试吗？

我：OK，没问题。

Samir：首先，请简单做一下自我介绍吧？

我：好的，我已经在 Sysfokat 公司工作了 8 年，第一年，我主要做一些手工测试，之后的 7 年我一直专注于自动化测试，使用的工具有 UFT、BPT 等。

Samir：OK，您认为什么是自动化？

我：（什么？这算什么问题？之前从没考虑过这个问题，一下子还不知道怎么回答了……）

简单来说，自动化就是在无人干预的情况下完成规定任务的过程。

Samir：您了解哪些自动化测试工具？

我：我最熟悉的是惠普公司的产品——QuickTest Professional（QTP）（添加注释）。Selenium、Rational Functional Tester、Ranorex、SAHI、AutoIT 我也了解，只是没在实际项目里应用过。

Samir：刚才提到您有一年的手工测试工作经历。能否说一下在这个过程中您主要的工作职责？

我：在手工测试中，我的工作主要涉及计划和执行两个方面。计划阶段，我需要熟悉需求，分析原子级测试条件，创建测试场景、测试用例，并且在测试管理工具 ALM 中实现。

执行阶段，我会按照测试用例进行手工测试，记录缺陷，并且完成每天和每周的结果报告。

Samir：好的，我想您也一定在 ALM 里记录过一些缺陷吧？

我：是的。

Samir：在 ALM 里记录缺陷，哪些部分是必须填写的？

我：我无法记住所有的内容，应该有：缺陷提交者（Detected By），被分配到的团队（Assigned to Team），被分配到的个人（Assigned To），能否重现（Reproducible），描述（Description），严重性（Priority），优先级（Severity），

应用程序名称（Application Name），发布名称（Release Name）以及状态（Status）。

Samir：您提到严重性和优先级，能否说明一下这两者的区别？

我：对于我们来说，严重性主要由项目中的缺陷对软件质量及功能性的破坏程度而定，而优先级是表示处理和修正软件缺陷的先后顺序的指标。

举个例子，假设现在有一个软件界面用于呈现法律法规，但是其中有一些法律声明写错了，从编程角度来说，这可能只是在某个对话框控件中所显示的字符串与预期不符合，并不是严重的功能性问题，所以我们一般会将严重性（Severity）设为低（Low），但是这涉及法律问题，所以优先级（Priority）应该设为高（High）。

Samir：之前您主要做哪类测试？

我：不好意思？

Samir：我指集成测试、系统测试，或者其他测试类型。

我：我主要做系统级别的测试。

Samir：请告诉我集成测试与系统测试的区别。

我：主要依据测试的深度来区别。集成测试将测试过的单个模块集成到子系统中，直到测试

完整个系统，关注各模块的接口是否一致、各模块间的数据流和控制流是否按照设计实现其功能、结果的正确性验证等。系统测试则更关心系统整体的运行情况，并对应用程序做功能性验证。相对于集成测试来说，我们会设计更多的测试场景。

Samir：您完成这些测试项目后，还会对系统做哪些验证？

我：一般在进行系统测试的同时，我们会开始做性能测试。在产品交付前，我们会做验收测试及可用测试，并且让最终用户将其用于执行软件的既定功能和任务。

Samir：您会如何管理测试需求？

我：我们一般会创建 RTM (Requirements Traceability Matrix)需求跟踪矩阵。将其作用于所有的商业需求和技术需求。为了确保所有的需求都会被覆盖，我们会将各个需求与测试实例的 IDs 项相互对应在一起。

Samir：您曾经遇到过缺陷无法重现的情况吗？如果有的话，您是如何解决的？

我：发现疑似缺陷后，我们会根据重现步骤再次确认。假设问题不再出现，我们会记录时间戳信息。如果缺陷再次重现，我们会提交此缺陷，并提供相关的时间戳信息。这样，开发人员就能够根据日志文件和时间戳信息快速定位并解决问题。

Samir：在 UFT 软件中，我们最多能创建多少个 Actions？

（这提问思路也跳转得太快了吧……）

我：这我倒没注意过。不过，我猜测可能与一个 Excel 文件中 sheets 的上限数相同。我记不清具体数据了，也许是 255 吧？不过，如果在 UFT 的实际界面测试中已经创建了最大限额的 Action 条目，也许这时候该好好想一想，这个脚本设计得太糟糕了。

Samir：UFT 在录制过程中如何识别出一个对象？

我：UFT 根据三个属性来识别对象，分别是 Mandatory、Assistive、Ordinal Identifiers。当 UFT 接收到一个新的对象，它会捕获到对象的所有 Mandatory 属性，并且根据这些属性重新定义该对象，这样在脚本运行中，如果有对象能够唯一匹配对象库中已记录的 Mandatory 属性，便认为识别成功，如果有多个对象都符合这些 Mandatory 属性，那么还需要分别添加 Assistive 属性，直到对象能够唯一匹配。假设 Mandatory、Assistive 属性还是无法完成要求，我们便需要把对象的序号标志作为 Ordinal Identifiers 添加进去。

Samir：UFT 默认会使用什么 Ordinal Identifiers？

我：这与添加的 Add-in 有关。所有的 Windows 对象默认的 Ordinal Identifiers 是 Location。Browser 对象则不同，其默认的 Ordinal Identifiers 是 CreationTime，而其他的 Web 对象默认的是 index。

Samir：假设我在对象库中添加了一个对象，并且关联了 3 个 Mandatory 属性及 2 个 Assistive 属性。然后运行该脚本，UFT 会使用哪些属性来识别对象？是否首先使用 3 个 Mandatory 属性进行匹配，若没有唯一匹配，再附加 2 个 Assistive 属性来判断？正确的流程是怎样的？

我：UFT 会使用 5 个属性来识别对象，运行时并不特别区分 Mandatory 和 Assistive，而是更关注对象的 defining properties 和序号标志。

Samir：UFT 支持哪些数据类型？

我：UFT 的脚本语言是 VBscript，所以 UFT 支持的类型是从 VBScript 中继承而来的。VBScript 只支持 Variant 数据类型。一个 Variant 类型可以存储不同的数据类型，如 single，double，string，object，long，date 等。

UFT 还有一个内置的 API（WebServices）测试模块默认使用 C#语言。因此，所有 C#支持的数据类型在这里也可以使用。

Samir：如何准确获取一个变量的数据类型？

我：可以使用 TypeName 方法，该方法会返回数据类型。另外，我们还使用 VarType，它会返回一个整数，通过查询，便可得到该值对应的数据类型。

Samir：如果这个变量是一个 array，如何得到数据类型。

我：可以使用 VBScript 的 IsArray 方法或者通过比较 VarType 返回值与 vbArray 常数的关系来判断数组的类型。

注：vbArray 对应的常量是 8192。

```
arrArray = Array("John","Mary")
If VarType(arrArray)>vbArray Then
'arrArray is an array
End If
```

Samir：如果没有安装 UFT，我能运行 UFT 脚本吗？

我：恐怕不能，必须安装了 UFT，才能运行脚本。

Samir：假设安装了 UFT，并且创建了一个 UFT 界面测试脚本，然后我把所有的 UFT 代码文件转换成 VBS 相关文件，现在双击该 VBS 文件，它会正常工作吗？

我：不会工作。VBScript 只是一种编程语言，还需要运行环境，才能够执行脚本。

当我们在 VBS 里运行脚本，Windows 会调用默认宿主对象 WScript，它无法识别任何的 UFT 测试对象。因此，脚本会报错，运行将会失败。

Samir：在 Action 中，一个变量的作用域是多少？

我：Action 中变量的作用域取决于 Action 的生存周期，假设 Action 生存周期结束了，那么所有的变量实例都会被销毁。

Samir：对象库（Object Repository）和对象库管理工具（Object Repository Manager）有什么区别？

我：对象库（见下图）用来查看在 Action 中所有本地对象以及可用的共享对象。

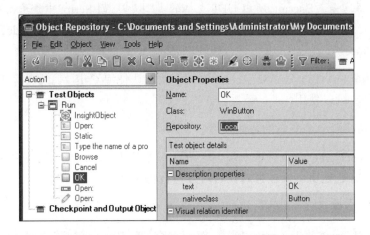

对象库管理工具（见下图）是一个内置工具，用来创建及管理共享对象库。

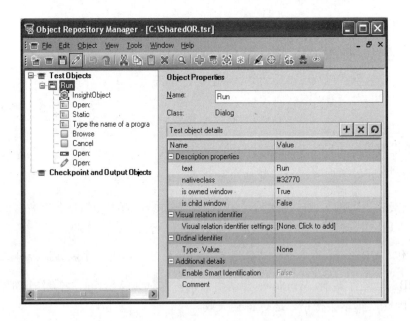

Samir：我已经启动了对象库管理工具，并且打开了一个共享对象库，为什么此时添加对象的按钮是不可用状态（灰色）呢？

我：当对象库刚被打开时，其初始状态是只读模式。如果要编辑该对象库，必须首先开启可编辑状态模式（见下图）。

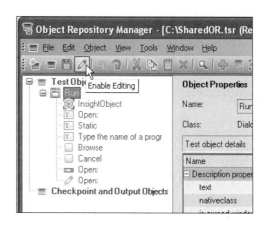

Samir：当将一个对象添入对象库，往往该对象的层级结构与 Object Spy 显示的不同，这是为什么呢？

我：UFT 只会保留部分必要的层级结构，用于定义对象。举例说明，当我们 Spy 了一个对象，其父对象里包含 WebTable，那么 WebTable 不会被添入对象库中。

Samir：如果我在对象库里添加了一个对象，但是运行时却无法识别该对象，这是为什么呢？

我：有些对象包含动态属性，当失去焦点时，这些属性值会改变，因此便与添加在对象库的对象属性不一致，无法被识别。对此，我们可以记录下这些动态属性，观察变化规律。在对象库里手动创建这些属性，可应用正则表达式匹配。当然，还有许多其他原因也会造成无法识别对象，大多原因都与 UFT 本身的特性有关。

Samir：请告诉我 GetROProperty 和 GetTOProperty 的区别？

我：GetROProperty 方法是为了获取运行时实际对象的属性值，而 GetTOProperty 方法是为了获取我们自定义的属性值。换言之，GetToProperty 从对象库中得到值，而 GetROProperty 从实际对象中得到值。因此，在被测系统中必须存在该对象，才能使用 GetROProperty 得到预期的返回值。GetTOProperty 则没有此使用前提，因为在录制/编写脚本时，对象库里已经添加了相应的对象。

Samir：SetTOProperty 方法的作用是什么？

我：SetTOProperty 方法能够更新对象库中已经定义过的对象属性。当我们了解运行时对象属性的变化规律时，使用 SetTOProperty 就能够灵活操作对象库，在运行过程中动态修改，以匹配实际对象。

Samir：SetROProperty 方法的作用是什么？

我：恐怕没有这样的 SetROProperty 方法。若要改变运行时实际对象的属性，我们也许应该使用该属性所暴露出的函数，如 Set、Select 等。

Samir：假设我有一个 UFT 界面脚本，能不能在另一个脚本里启动该 UFT 界面脚本？

Samir：UFT 的许可证模式有哪些？

我：目前有两种模式：一种是单机节点模式；另一种是浮动许可（并发许可）模式（见下图）。单机节点许可证仅能用在生成的那台机器上，因为 UFT 生成的锁定码只能针对安装它的那台机器。浮动许可（并发许可）证可以安装在服务器上，这样具有网络访问浮动许可（并发许可）证服务器的机器上都能够使用 UFT。

注：依次选择 Help -> About ->License... -> Modify License...可以随时修改许可证模式。

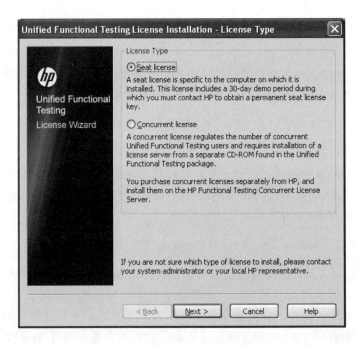

Samir：假设我在本机系统上安装了一个虚拟机，我能够同时在本机及虚拟机上使用同一个许可证吗？

我：恐怕不行。应该需要 2 个许可证。

Samir：UFT 试用期有多少天？

我：30 天。

Samir：当到了 30 天试用期限，能否设法延长试用期？

我：可以，如果必要，可以联系 HP 相关人员申请延长试用期。

Samir：脚本中的 CheckPoints 存储在哪里？

我：UFT 将 CheckPoints 存储在对象库文件中，这是一种 HP 专利的二进制文件格式。

Samir：UFT 支持哪些录制模式？

我：环境判断录制（Context Sensitive recording）、低级录制（Low-Level recording）、模拟录制（Analog recording）和透视录制（Insight Recording）。

Samir：这些模式有哪些区别？

我：在环境判断录制（Context Sensitive recording）中，UFT 会较深度地识别 GUI 对象，如 WinEdit、WinButton 等。

在低级录制（Low-Level recording）中，UFT 使用比较通用的名称显示类型，如 Window 和 WinObject。

在模拟录制（Analog recording）中，UFT 会记录所有鼠标操作用于回放，这在某些情况下非常有用，如录制画图程序（MSPaint）相关操作。

透视录制（Insight Recording）是 UFT 加入的新的录制模式（相对于 QTP 而言），该录制模式能够支持图像的智能识别录制。对于某些无法识别的应用程序及控件，该模式非常有用，因为其机制是以该控件是否"看起来一样"作为匹配依据，而不是像其他模式一样必须要识别出控件类型。

Samir：默认的录制模式是哪一个？

我：环境判断录制。

Samir：这些录制模式的快捷键是什么？

我：我很少使用 UFT 录制脚本，因此不太清楚他们对应的快捷键。

注：在 UFT 中录制的快捷键是 F4，此时默认录制模式为 Context-Sensitive 模式。若要切换其他录制模式，需要在录制面板里手动选择。

Samir：在 UFT 中有几种不同的操作模块（Action）类型（见上图）呢？

我：有三种操作类型模块，分别是可重用模块、不可重用模块和扩展模块。扩展模块是一种存储在其他测试脚本中的可重用的操作模块。

Samir：可重用模块和不可重用模块有什么区别？

我：可重用模块可以被所属的测试脚本调用多次，而不可重用模块一次运行只能被调用一次，并且不能被外部其他测试脚本调用。

Samir：是否有办法以编程的方式添加一个操作模块（Action）？

我：可以通过使用 UFT 自动化对象模型（Automation Object Model, AOM）灵活地在测试脚本中添加测试模块（Action）。当然，这只能在脚本编写阶段实现模块添加，在脚本执行阶段就无法实现了。

```
' Create the application object
Set qtApp = CreateObject("QuickTest.Application")
qtApp.Launch
qtApp.Visible = True
qtApp.New

scriptCode = "Msgbox""Action genereated using UFT AOM"""
Set oNewAction = qtApp.Test.AddNewAction("UFTActionUsingAOM",_
"ActionAdded using AOM", scriptCode, False, 1)
```

Samir：在一个 UFT 操作模块（Action）中，能否使用多个本地数据表（Local DataTable）？

我：不能，通常在一个操作模块中只能使用一个本地数据表。但是，我们可以在编写脚本时操作 DataTable 对象，使之在运行过程中动态添加 sheets。

Samir：在一个 UFT 操作模块中，能否使用多个全局数据表（Global DataTable）？

我：恐怕不行，这与本地数据表是一个道理。

Samir：请问在一个 UFT 测试脚本中能否包含不同的本地数据表？

我：（我汗颜了，这家伙是有多爱数据表啊！）

可以，假设测试脚本中有多个操作模块（Action），就可以应用多个本地数据表。因此，本地数据表是与操作模块数量对应的，而不是和测试脚本数量对应。

Samir：请问在一个 UFT 测试脚本中能否包含不同的全局数据表（Global DataTable）？

我：不能，在一个 UFT 测试脚本中只能有一个全局数据表。

Samir：编辑状态（Design-time）和运行状态（Run-time）数据表的区别是什么？

我：编辑状态数据表意味着现在是空闲状态。也就是说，脚本并没有在执行。而运行状态数据表是在脚本运行时 UFT 所创建的临时数据表，从运行状态数据表获得的最终数据都将在测试结果窗口中显示。

Samir：运行时数据能不能写入编辑状态数据表？

我：不能，我们无法通过自动化编程方式重写编辑状态数据表。所有在执行阶段或者说在运行时的数据表变化只能改写运行状态数据表。

Samir：UFT 的 3 种测试报告类型是什么？

我：我只知道 XML 和 HTML 两种。

Samir：在 UFT 中可以生成 PDF 报告吗？

我：UFT 并不提供直接生产 PDF 报告的接口。不过，可以使用其他技术手段得到 PDF 报告。

Samir：WebList 的哪一个属性决定了当前其 items 条目数量。

我：'items count'属性。

Samir：您应该了解过 CreationTime 顺序标识吧。CreationTime 顺序标识能够应用于 Windows 对象吗？

我：不能。CreationTime 顺序标识只能用于 Browser 对象，该属性对于其他对象类型无意义。

（此时，我已经饿到不行，看了看时间，21：30，真希望面试到此结束。）

Samir：在 UFT 中，我们能编译 VBScript 代码吗？

我：不能，编译一般是指将代码转换为可执行语言，而 VBScript 是解释型语言，只能在运行时编译。

注：界面测试代码无法预编译，而使用 C#编写的应用程序接口代码可以预编译。

Samir：VBScript 是一种面向对象（Object Oriented）的语言吗？

我：不是，VBScript 应该算是一种基于对象（Object based）的语言，它允许我们去创建类和对象，但是它不提供对多态（polymorphism）和继承（inheritance）的支持，因此，VBScript 不是面向对象的语言。

Samir：VBScript 支持哪些面向对象特征呢？

我：抽象（Abstraction）与封装（Encapsulation）。

Samir：强制声明（Option Explicit）指什么？

我：在 VBScript 中，强制声明语言强制所有变量必须显式声明。因此，如果应用了该强制声明，则必须声明每一个变量，否则 VBSCript 会报错。假设没有使用强制声明，也没有声明变量，VBSript 默认给该变量赋空值。

Samir：能在代码段的中间使用强制声明吗？

我：额，我倒是从没这样尝试过，不过我想这样应该是不可以的，UFT 会报错。我之所以会这么说，是因为严格来说，代码规范一般会作用于整个库文件，而不是一部分代码。

注：强制声明一般总出现在库文件或者 VBScript 脚本文件的开头部分。在中间段使用强制声明一般会提示出错。

Samir：好了，我的问题就这么多了，谢谢您。那么，请问您有什么问题要问我吗？

我：暂时没问题，谢谢。

Samir：好的，那我们就先到此为止了。谢谢，晚安。

挂断电话，我瘫坐在沙发上。虽然这次面试不算是非常艰难，不过也花了整整 2 小时，我已经饿得快要虚脱了。我随手翻了一下桌上的外卖单，决定享用一顿披萨大餐来犒劳一下自己。我拨通了 Daddy John 披萨店的电话，叫了外卖。

第二天一早在办公室，我又接到来自面试公司的电话。

电话咨询二

我：您好，Megha！

Megha：您好，Nurat，昨晚的面试还顺利吗？感觉如何？

我：我自我感觉还不错哦。就是不知道还有没有机会进入下一轮面试？

Megha：我的回答是，您已经通过了初次电话面试！在打给您之前，我和他们沟通了一下，他们对您的表现很满意，并希望能在明天和您面对面再交流一下。

我：明天？在哪里面试呢？

Megha：面试会安排在 Delhi 中心。他们核心的框架团队都在那边工作。

我：能不能改到周末呢？要我在那么短的时间内请出假期并安排好去 Delhi 的旅行恐怕有点太赶了吧。

Megha：您不必有太多顾虑，一旦您确定参加面试，我们会帮您预订来回机票以及当地一晚的住宿。

（这一切发生的太突然了，我一下子不知该如何作答，不过，这样的机会放在面前，我不应该放弃。）

我：好的，我了解了，我想最好还是把时间改到周末，但如果对方时间上无法安排的话，明天也可以。

Megha：好的。请稍等，我现在和那边联系帮您确认一下。

我：好的，谢谢。

（大约 2 分钟后）

Megha：Nurat，时间上只能安排在明天，等会我会把电子机票以邮件形式发给您。明天请带好您最近 3 个月的工资单，护照，您大学里最后一年的成绩单以及计算机等级考试 10 级和 12 级的成绩单。

我：好的，我会准备好的。

不一会，我就收到了 Megha 的电子邮件，回程机票的时间是周四的上午。我想应该告知我母亲我即将去 Delhi 面试了，于是我拨通了电话。

我：妈，是我。

母亲：你好吗，Nanu。

我：妈，明天我要来 Delhi 了。

母亲（声音变得有些惊慌不安）：发生什么事了吗？

我：没事，只是来面试的，请别担心。

母亲：哦，那就好，吓我一下。那你什么时候回去呢？

我：周四上午的飞机回去。

母亲：既然来 Delhi 了，为什么不在家住两天呢，周四那么着急回去干什么？

（对啊，母亲的一番话惊醒梦中人，我被面试通过的喜悦冲昏了头脑，我完全能够要求周末才回来，这样就能和家人多待几天了。）

我：妈，我接到面试通过的电话实在太激动了，脑子一下子晕了。我如果现在打电话改行程恐怕不太好吧？这样也许会给对方留下不好的印象。这样吧，到了 Delhi 我面试一结束就立刻回家，周四一早再打的去机场。

母亲：祝你面试成功。记得要提醒我给你借记卡。

我：好的，那就先这样吧，晚点我再联系您。

第二天 5 点我就早早地被闹钟吵醒，一路奔波顺利地搭上了 7:00 的航班，我的座位在靠走道的 C11，我向来更中意靠外的座位，这样行动更方便些，不会打扰到别人。上飞机时我瞥到在我边上座位的先生看起来有些面熟，不过也没太在意。可起飞后不久，他就开始跟我搭讪了。

路人：你好，我叫 Akash。

我：你好，我叫 Nurat。

Akash：请问你是来自 Delhi 或者 Pune 的吗？

我：我出生在 Delhi，并且在那长大。你呢？

Akash：我来自 Pune。但是我的妻子是 Delhi 人。

我：ok，所以今天你是去你老丈人家吗？

Akash：是的，你呢？今天是回父母家吗？

我：（我脑海里突然闪过一个念头，对于陌生人，我该不该说去面试呢？还是就顺着他的话说回父母家？）

是的，我家里来了客人，要一起吃顿饭。

Akash：从一上飞机我就觉得你有点眼熟，好像哪里见过你，可又想不起来。你是不是也在 Sysfokat 工作？

我：是啊，难道你也是？

Akash：没错，我在 FressS 的项目组。

我：（他这么一说，我突然想起来了，貌似这家伙就坐在同一楼层的另一边。）

你的座位在 A2 大楼 3 楼？

Akash：恩，你也在同一楼层吧？

我：是的，我在 SVI 项目组。

Akash：真是太巧了，你们的项目经理是我一个老朋友，她叫 Saili，你应该认识吧。

我：（真是无巧不成书，竟然在同一航班上碰到了同事，我开始庆幸一开始没把我此行的真实目的告诉他（见下图），不然难保此事不会传到 Saili 的耳朵里。）

（我冲着他会心一笑。）

她是我们的项目经理，我在平时工作中跟她有许多交集，我们挺熟的，刚一起完成了一个项目。

就在我们相谈正欢之际，空姐开始依次分发早餐，我和 Akash 都要了三明治和咖啡。用餐完毕，我闭上了眼睛，感到一阵困意袭来。渐渐地，我失去了意识，不知过了多久，我突然被一阵强烈的机身晃动惊醒。我不安地朝窗外望去，看到的只有层层白云。我脑中又浮现出了空难的情景，也许我是个被害妄想症吧，我实在太害怕遇到空中失事了。紧接着我就听到机长通报，告知飞机即将降临，几分钟后，飞机顺利平稳地降落在 Delhi 机场，我努力平复惊恐万分的心情，不停地做着深呼吸，万幸的是我终于安全了。

当前时间是上午 9:10，面试时间是 11:00，我还有一些时间打的先去酒店办理入住手续。回到我出生长大的城市，一切看起来亲切熟悉。出租车司机也十分健谈风趣，我们聊得根本停不下来。可惜天公不作美，暴雨倾盆，路上毫无意外地开始堵车（见下图）。司机大哥展现出了媲美 F1 车手的高超车技，辗转腾挪，变向超车样样精通。准时将我送达酒店。我雷厉风行地办理了入住手续，冲进房间，离面试只有 1 个多小时的时间了，换上正装，吹个精神的发型，对着镜子照了照，小伙子真精神。不一会我的肚子饿得咕咕叫，我向酒店工作人员打听了附近的咖啡厅位置并借了一把伞。早上出门太急竟然忘记带伞了，这丢三落四的毛病总是改不掉。这家咖啡厅距离我下榻的酒店只有 10 分钟步行距离，用餐完毕，我到达面试公司，刚好 11:00。

前台接待人员笑容可掬地让我在会议室先等一会。大约 30 分钟，她给我递上了一杯咖啡和一些小饼干，同时带来了一个坏消息，面试相关人员正在处理一个突然状况，大约要 12:30 才能开始面试。我随手翻看着桌上的公司宣传手册，享用着咖啡和点心，感觉时间倒也过得挺快。

过了没多久，一个西装革履的家伙推门而入，坐在我边上，他手上也拿着跟我一样的从前台那得到的个人信息单，我想他应该也是来面试的吧，我只抬头瞥了一眼，便继续将注意力放在公司宣传手册上了。

应聘者：你好，Nurat（见下图）。

（我心中升起了大大的问号，他怎么会知道我的名字？他只是跟我一样的来应聘的人。）

我（抬头朝他望去）：请问你是在跟我说话吗？

应聘者：没错。

我：不好意思，你怎么知道我的名字？

应聘者：你的简历上写着呢。

（我才意识到我的简历正摊放在桌上，第一行中间便印着大大的名字"Nurat"，边上还附着我的个人大头照。）

我：原来如此。

应聘者：你好，我的名字是 Andrew。

我：你好，Andrew，很高兴认识你。你也是来参加面试的吗？

Andrew：

（他犹豫了几秒，脸上闪现出狡黠的微笑）

是啊，你也是吗？

我：（我实在是不明白他为什么要笑成这样）

是的，我特地来参加面试。

Andrew：恩，什么职位呢？

我：UFT 框架设计师，你呢？

Andrew：好巧，我也是应聘这个岗位。

（说完，他的标志性微笑再次出现，说实话，我实在不怎么喜欢这家伙的笑容。）

Andrew：这是你的首轮面试吗？

我：不是，之前我已经参加过一轮电话面试。

Andrew：面试情况如何？面试官提出的问题刁钻吗？

我：大多数问题都是些基础的东西，我觉得不是特别难，我想我回答得还不错吧，不然今天也没机会坐在这里。

Andrew：他们问了哪些问题？

我：让我想想，嗯……我记得有些问题是关于操作模块（Action），对象库（Object Repository），数据表（DataTable）的，还有一些杂七杂八的问题。

Andrew：我一个朋友之前也得到这家公司的面试机会，我本来以为按照他的实力应该能够通过面试，可他在前几轮就被淘汰了，他说面试官的问题太刁钻了。

（好吧，这听起来实在不是什么好消息，可这家伙这么说算什么意思，是为了让我惊慌，以致发挥失常把这个职位让给他？）

我：那实在太遗憾了。无论如何，我希望我们今天能有不错的运气，都能够出色发挥。

Andrew：借你吉言，我也希望如此。

我：你有几年的工作经验呢？

Andrew：7 年，你呢？

我：我也是，正式工作了 7 年。

Andrew：UFT 相关工作经验有多久呢？

我：大约 6 年。

Andrew：时间不少啊，那你一定对各种测试框架有一定的了解吧？

我：略知一二吧，我关注过数据驱动（Data driven），关键字驱动（Keyword driven），混合式（Hybrid）以及业务过程测试（Business process testing，BPT）。

Andrew：听起来很酷啊，你懂得不少。今天的应聘岗位是自动化测试框架设计师，你一定能脱颖而出。

那你有开源框架的项目经历吗？

我：好像没有，你呢？

Andrew：我也没有。你觉得你最熟悉哪个自动化测试框架？

我：我个人比较喜欢混合式（Hybrid）框架，它将数据驱动（Data driven）及关键字驱动（Keyword driven）整合起来，同时具备两者的优点。

（正当我准备继续扩展讲这个话题时，我突然意识到，这家伙是我今天的竞争对手，我可不该透露更多了。）

Andrew：你知道他们这次要招几个自动化测试框架设计师吗？

我：（看着他笑了笑）我也不清楚，我想至少应该会招一个吧。

Andrew：这也不一定，如果他们没找到合适的人才，也许一个都不会招。

我：好吧。

Andrew：你是 Delhi 人吗？

我：是的，我在 Delhi 出生并长大，但是现在不在 Delhi 工作。

Andrew：嗯，那你一定非常适应在 Dellhi 的生活环境。

我：当然了，如果有机会，我非常愿意回到 Delhi 工作。

（Andrew 的手机突然响了起来。）

Andrew：不好意思，我接个电话。

我：好的，你随意。

他离开了会议室，过了没多久，我的手机响了起来，是第一次电话面试的那个号码。接通后我被告知到 C2 会议室去稍候片刻。

第一轮个人面试

会议室中间是一个巨大的会议桌，边上摆放着舒适的老板椅，一等就是十几分钟，空调温度调得有些低，再加上静得出奇的环境，我感到有些神经紧张，脑中不断地升起疑团，面试官是怎样的人呢？他会问我哪些问题呢？我能不能发挥好？……

我狠狠掐了一下自己的大腿，现在胡思乱想有什么用呢，调整心态，正常发挥，一会一切就会水落石出。

突然，门外传来脚步声，越来越近，由于会议室是由磨砂玻璃围成的，我只能看到一个轮廓，无法瞧得真切。他推开会议室的大门，我顺势望去，顿时惊呆了。竟然是 Andrew！

我：你怎么在这？

Andrew：Nurat，你好，我是这家公司核心框架小组的负责人，不知道有没有人告知过你，这次你应聘的职位本来是为了另一个项目组准备的，不过现在我们也想研究前沿的自动化测试框架，并应用到我们项目组来。

我：（我开始努力回想之前与他的对话的每个细节，我想那应该只是一次很普通平常的寒暄交流，不至于会影响到这次面试走向。我思考着他先前那标志性微笑的含义，为什么他会对我说他也是来面试的？为什么不直接告诉我他就是面试官呢？）

是的，之前他们已经告知我说你们项目组需要招聘熟悉自动化测试框架的设计师。

Andrew：嗯，我们需要熟练掌握关于测试框架核心技术的并且深入了解 UFT 的人才。从负责你电话面试的面试官那得到的反馈看，你的 UFT 基础知识的积累相当不错，我相信今天你应该也不会让我失望。

我：希望如此吧。

（谈话的气氛让我感觉似乎在军队里参加军训……是的，长官！）

Andrew：好的，那我们现在开始吧，首先请介绍一下你自己。

我：我叫 Nurat。我的最高学历是计算机工程硕士，来自 Dellhi 的 TISN 大学。我从 2004 年的 6 月开始在 Sysfokat 工作，工作初期，我主要参与手工测试，然后就将精力主要放在 UFT 自动化测试中。我参与过许多项目，也开发维护过多重不同的测试框架。

Andrew：你为此次面试准备了不少时间吧？

我：是的，我从来不打无准备的仗。如果我有一个任务放在面前，我一定会百分百做到最好。

Andrew：如果你花了很多心血最后还是面试失败了，你会如何？

我：我知道这是一次很好的机会，对我来说有可能会是一个更好的能够发挥我能力的平台。

但是，今天能否面试成功对于我的职业生涯来说不算什么，无论结果如何，我都会以最好的状态迎接每一天的工作，每一个项目。况且，所谓事业上的成功与失败也只是生活中的一部分而已。如果能从失败中吸取教训，学到东西，不断改进、不断提高，然后信心百倍地迎接下一个挑战，也算是某种意义上的成功。如果今天面试失败了，我会有些失望，回去以后好好总结，然后继续前行。

Andrew：相比于其他应聘者，你有什么优势？

我：这个岗位的主要职责是框架设计以及测试框架的应用。我已经设计维护过多个测试框架，我相信这些经验是你们所需要的。

现在各种技术层出不穷，也许很难去掌握领域内的所有前沿技术。但是我们需要具备快速定位发现问题，并找到解决问题途径的能力，这样我们就能精确获悉我们需要使用何种技术，我一直以此标准要求自己。

也许有些测试人员只是局限在 UFT 或者其他测试工具本身，但我常常关注前沿技术以及其他领域的知识，虽然我最熟悉的是在 UFT 里使用的 VBScript，不过我也应用 C#做过几个项目。这样，当我测试使用 C#编写的程序时，我会有更开阔的视野和思路。

Andrew：你为什么选择自动化测试作为你的职业方向？

我：（我笑了笑，心想，刚毕业那会对于职业规划可谓一窍不通，稀里糊涂就进了测试行业，应该说是自动化选择了我，而不是我选择了它。）

读书时我一直在想毕业以后要做一个程序员。但现实往往与预期不符，毕业后阴差阳错成为一名测试工程师，并且爱上了这份工作，大约做了 1 年的时间，我慢慢认识到我的编程能力也许能对我的测试工作有莫大的帮助，于是我开始学习 UFT。生活总是不断向前，之后我就不断地学习自动化测试技巧，努力提升自己的工作能力。

Andrew：方便透露一下你为什么要离开现在的公司吗？

我：在这家公司工作超过 7 年的时间，我从中学到了许多。我非常熟悉公司的工作流程，我想也许是时候换个环境来施展我所学到的东西。换一个公司，意味着会遇到许多新的挑战，新的机遇。我会尽自己所能去适应新环境，发挥出我的技术能力，同时也努力学习接受各种新事物。

Andrew：你之前用过哪几个版本的 UFT？

我：我最初接触 QTP 时，应该是 QTP8.2，之后用过 QTP9.2，QTP9.5，QTP10 以及 QTP11，现在工作中用到的是 UFT11.5。

Andrew：你知道各个版本的发布时间吗？

（这算什么问题……我怎么会去记这些日期？）

我：不太记得了，我这人本身就不太擅长记日期，我曾努力去记住所有朋友的生日，花了不少时间，还常常遗漏。我只记得 UFT11.5 大约是 2012 年 11 月发布的，QTP11 应该是在 2010 年的 9 月。

Andrew：好吧，那你能不能简单说一下各个版本都有哪些重要的改进之处？

我：好的，让我稍微回想一下：

- QTP11 增加了对于火狐浏览器'.Object'对象的支持。

- QTP11 增加了在火狐浏览器里进行录制的功能。

- QTP11 增加了应用 XPATH 和 CSS 进行识别 Web 对象的支持。

- QTP11 增强了对不同浏览器的支持。

- QTP11 增加了对 JavaScript 的支持。

- QTP11 增加了在运行时加载调试函数库文件的支持。

- QTP11 增强了对象探测器（Object Spy），可以通过对象探测器直接添加对象，也可以复制对象属性到剪贴板里。

- QTP11 增加了在对象库（Object Repository）导出/导入检查点（checkpoint）的功能。

- QTP11 增加了对双显示器的支持。

- QTP11 增加了远程调用运行脚本的功能。

- QTP11 增加了视觉关系识别的功能，这样就能通过自动判断相关对象来快速识别对象。

- QTP11 改进了测试结果界面，增加了许多图标用于展示内容。

- QTP11 应用了 Log4Net 及 Log4Java 框架来记录 Log。

这些是我认为比较重要的改进。其他还有一些小的变化，我记不太清了。

Andrew：看来你对 QTP 各个版本的历史和变化了解不少，那么能不能告诉我 QTP 和 UFT 有什么区别？

我：应该说 QTP 现在是 UFT（Unified Functional Testing）的一部分，UFT 还有一个独立的集成开发环境用于服务测试。

Andrew：UFT11.5 有什么新特性吗？相对于 QTP11，UFT11.5 有什么改进？

我：UFT 也有许多新特性（见下图），主要有以下几点：

- UFT 将 HP 公司的几个工具整合到一起，主要有 QTP 和服务测试。在 UFT 中，QTP 测试现在被称作为 GUI 脚本，服务测试脚本被称作为 API 脚本。

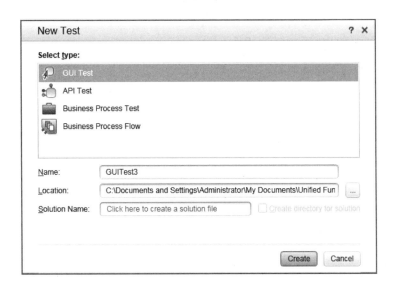

- UFT GUI 脚本现在提供 VBScript 类和 QTP 环境对象的智能编码（IntelliSense）技术支持。

- UFT 拥有全新的多文档（Multiple Document Interface，MDI）接口，允许用户同时打开编辑多个测试文件。

- UFT 用于在录制中通过全新的录制功能面板添加操作模块（Action）。

- 现在我们能够在同一个解决方案中创建几个 GUI 和 API 测试，这样我们就能更好地管理整合测试资源。

- 全新的目标识别对象功能能够通过图像识别来识别对象。这是一个革命性的改进之处，因为在使用以前的 QTP 版本过程中，我们常常发现有许多对象无法被识别，而在 UFT 中有了这个新功能，这些无法识别的对象大多都能被识别到。

- UFT 增加了在 GUI 测试中设计的测试流程的功能。

- 我们可以通过 UFT 的集成开发环境来创建业务流程测试（Business Process Testing，BPT），而在之前的 QTP 里我们只能通过 ALM 来创建业务流程测试。

- UFT 增加了在工具箱面板里过滤函数库和对象的功能。

- UFT 引入了 Flex 和 QT 两个新的插件。

- UFT 定义了新的文件检查点，可用于文本文件。

- UFT 中默认不添加 WebServices 的插件。

- UFT 增加了一个回调堆（Call Stack）窗口，我们能在调试过程中显示该窗口。

- UFT 增加了一个集成打印窗口，我们可以编写相关脚本来打印调试信息。

- UFT 增加了对于应用 MSAA（Micriosoft Active Accessibility）应用程序接口创建的非界面对象的识别支持。

- UFT 增加了一个全新的错误面板来显示脚本的错误信息以及相关资源缺失的警告信息。

Andrew：好的，现在我们一条条看一下这些新特性。首先请说一下你对新插件 Flex 和 Qt 的认识吧。

我：没问题，最新的 UFT 已经有一个内置的针对 Flex 的插件了。这与先前的由 Adobe 公司开发支持的 Flex 插件有所不同，使用老插件创建的脚本在新的环境下已无法工作，这个由 HP 公司研发的最新的 Flex 插件使用了一系列有针对性的测试对象及函数接口。该插件需要整合相应的自动化代理文件共同编译程序。不同的编译方式主要由不同的 Flex 程序运行方式所决定，如网络应用程序或者单机应用程序等。我们无法在浏览器里直接应用插件去测试 SWF 文件，但是我们可以创建一个 HTML 格式的包装文件，该包装文件会加载 SWF 文件，通过这种方法，我们便能够测试 SWF 文件了。这个插件还有一个使用限制，我们无法测试在不同域或者子域中运行的 Flex 应用程序。假设在一个域名为 www.knowledgeinbox.com 的网页上存在一个由 resources.knowledgeinbox.com 或者 www.thirdpartywebsite.com 加载的 Flex 控制器，那么此时这个插件就无法如预期般工作。

我们再来说一下 Qt 插件。Qt 是一个跨平台的应用程序及用户界面框架，支持 C++及 QML。UFT 现在也能支持使用了这种框架开发的相关控件。该插件虽然是一个独立的内置插件，但是它并没有特别提供相关的 Qt 测试对象。它会将 Qt 对象映射为已经存在的 Win 对象。举个例子，QpushButton 对象会被认作为 Winbutton 对象。因此，获取 Qt 对象就像测试原生的 Windows 对象这么简单。

Andrew：在 UFT 中如何应用智能编码（IntelliSense）技术？

我：在之前的 QTP 时代，有许多用户一直在抱怨希望能够引进智能编码技术，现在 HP 终于在 UFT 支持了这种实用技术。当用户光标悬停在函数上时，会显示类定义和注释。但是，我发现在应用时还是有一些限制。如 UFT11.5 中的智能编码不支持使用 Default 关键字定义的方法及属性，同样也不支持使用 Dim 关键字定义的方法及属性。举例说明：

```
Class IntelliTest
    Private varPrivate
    Public varPublic
    Dim varDim

    Default Function FuncDefault
    End Function

    Public Function FuncPublic
    End Function

    Private Function FuncPrivate
    End Function

    Function FuncNormal
    End Function
End Class
```

然后通过以下代码测试以下智能编码（IntelliSense），可以看到这种不足还是十分明显的。通过 Default 关键字定义的方法 FuncDefault 及通过 Dim 关键字定义的 varDim 都没有显示出来。

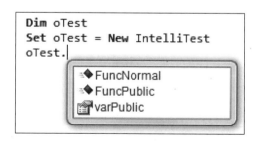

智能编码（IntelliSense）还有一个使用上不方便的地方，如果我们在一个函数库文件里定义了一个类，然后在一个操作模块（Action）里声明了该类，当打算调用该类中的函数时，无法得到智能提示，假设在一个函数库文件里有如下代码：

```
Class IntelliTest
```

```
       Public varPublic

Function FuncNormal
       End Function
End Class


Function NewIntelliTest()
       Set NewIntelliTest = New IntelliTest
End Function


Dim oTestNew
Dim oTestNewFunc
Set oTestNew = New INtelliTest
Set oTestNewFunc = NewIntelliTest
```

现在当我们在函数库文件中应用 oTestNew 和 oTestNewFunc 实例时，智能编码能够起作用。可是，当我们在一个操作模块（Action）中做同样操作时，只有 oTestNew 会出现智能提示。现在假设我们在操作模块里创建对象，代码如下：

```
Dim oTestNewAction
Set oTestNewAction = New IntelliTest
```

当我们在操作模块里应用 oTestNewAction 实例时，智能编码（IntelliSense）能够起作用，但是当我们运行代码，UFT 会提示出错。这是因为 IntelliTest 类没有在操作模块的作用域里定义过。为了能够正常工作，必须使用 NewIntelliTest 方法，修改如下：

```
Dim oTestNewActionFunc
Set oTestNewActionFunc = NewIntelliTest
```

现在代码能够顺利执行了，可是应用 oTestNewAction 实例时，智能编码没起作用。通过几个例子，我们了解到一些使用限制。有一个解决方案，即我们可以全局实例化所有要用到的对象，这样智能编码就能够起作用了。不过，这并不是一个太好的方法。

另外，在 UFT 中，当我们在一个类中写代码时，智能编码也不会显示在该类中已经声明过的方法。如果输入 Me（指类实例本身），智能编码也不会正常工作。

Andrew：确实如此，智能编码功能还需要好好改进一下。刚才你提到的环境变量是指什么？

我：环境变量有 Built-in 和 User-Defined 两种类型。User-Defined 变量可以在设计时创建，也可以在运行时创建。智能编码现在支持 Built-in 类型的环境变量以及在设计时创建的

User-Defined 类型的环境变量。

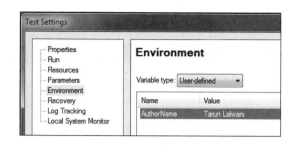

Andrew：能介绍一下你提到的代码片段助手（code snippets）吗？

我：代码片段助手是用户可以在编程过程中，将经常用到的一些常用代码或者值得收藏的代码保存起来，使用时可以方便地调用出来。当我们输入已保存的代码关键词并按下 Tab 键，其对应的代码片段就会自动展开。另外，我们只需要修改一处代码项，代码片段助手就会自动对相关的变量做同样的操作。

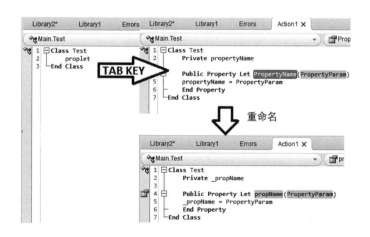

可以在菜单栏中通过以下路径进行相关设置。

Tools->Options...->Coding tab。

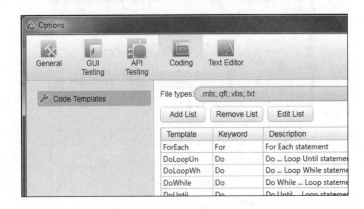

Andrew：有没有其他关于集成开发环境的改进是让你印象深刻的？能不能介绍一二。

我：好的。有一个叫作 Goto 的对话框的新设计我觉得不错，通过在这个对话框做相应的输入，光标会立刻跳转到相应的行、方法或者类中。我们可以同时按 CTRL+G 组合键调出此对话框。该功能只在一个 Action 中有效，任何引用的函数库不会被跳转。当我们在 Goto 对话框中进行输入时，系统会即时显示匹配的方法列表。

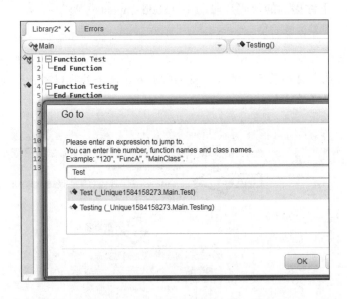

UFT 还提供了一个能够列出代码中所包含的所有的类和方法的列表栏。当我们选择其中的一个类或者方法时，光标会直接跳转到类中的该方法。

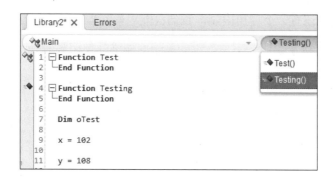

Andrew：现在再让我们来说说关于解决方案的新特性，你应该关注过吧？

我：是的，没错。UFT 的解决方案特性类似于微软公司的 Visual Studio 软件，我们可以创建一个解决方案，并且添加多个测试集、商业组件、商业进程以及应用领域。这样，我们就能很好地管理组织我们的各种资源了。

但是现在仍然有一些使用限制。比如，我们无法对已经存在的解决方案使用'Save As'功能，也无法在 UI 界面上重命名应用程序，但是能够手动重命名解决方案文件。

在解决方案中另一个值得关注的问题是，当我们打开了一个被其他用户锁定的测试脚本后，该测试脚本是只读状态，哪怕其他用户已经解锁了该脚本，在我们这已经打开的测试脚本也不会自动重载，这就意味着我们必须关闭该脚本并且再次打开，然后该脚本才是可读写状态。这个问题对于需要协同工作的团队来说会经常遇到。

另外，在解决方案中的测试脚本只能直接保存在本地，无法将保存路径设置为 QC 相关路径。

Andrew：你之前也提到 UFT 开发团队增加了一个回调堆（Call Stack）窗口。具体来说，这个窗口起了什么作用呢？

我：回调堆是一个 UFT 界面窗口。通过该窗口，我们能够在调试时观察到堆栈的调用情况。在早些的版本中，我们可以在下图所示窗口的下拉框中选择相应函数并观察调试情况。

不过，当前的回调堆还有一个使用限制，我们只能观察到当前作用域的堆栈使用情况。

Andrew：能不能举个例子说明一下你所说的关于回调堆的使用限制？

我：没问题，我们来看一下如下代码：

```
Function Action1()
     Call Action2()
End Function

Function Action2()
     Call Library1()
End Function

Call Action1()
```

我们还需要关联一个函数库，其中有以下代码：

```
Function Library1()
     Call Library2()
End Function

Function Library2()
     x=2
End Function
```

现在让我们在'x=2'行前添加一个断点，运行脚本，观察回调堆窗口中的显示情况。显而易见，窗口中只列出 Library1 和 Library2 的调用信息，没有 Action1 和 Action2 函数的具体情况。发生这样的情况主要是因为 Library1 和 Library2 都是全局作用域，而 Action1 和 Action2 只在其所在的操作模块作用域中起作用。因此可以得出这样一个结论：UFT 只会罗列出脚本所设断点处的作用域范围内的函数调用情况。

因此，这就导致我们调试时无法观察到完整的堆栈调用情况。

Andrew：我们对此有什么解决方案吗？

我：可以从 KnowledgeInbox.com 下载并安装一个叫作 PowerDebug 的插件。这个插件能够使得我们在调试时观察到所有的堆栈调用情况，这样就不用再关心本地与全局的作用域限制了。

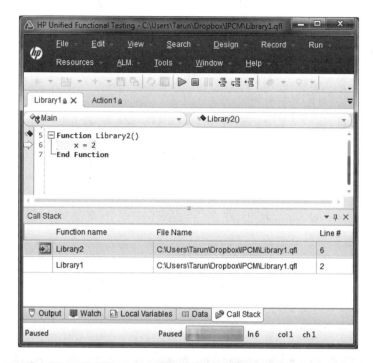

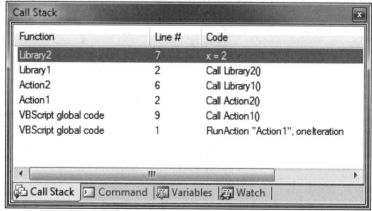

Andrew：你所提到的 MSAA 应用程序接口是怎么回事呢？

我：MSAA（Microsoft Active Accessibility）应用程序接口可用于创建能够被 Assistive Technology（AT）产品访问的控件。这大大增加了代码可读性和易用性，并且使得测试工具能够获取到控件信息。Microsoft Office ribbons 程序的开发过程中就应用了这种应用程序接口技术。

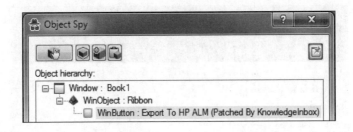

因此，当前版本的 UFT 能够捕获并且识别到 Office 应用程序的控件对象。这些控件对象被识别为标准窗口测试对象。

Andrew：你也提到 WebServices 插件在当前版本中是不支持的，那么我们如何针对 WebServices 接口测试呢？

我：UFT 开发团队建议测试人员使用 UFT API 测试功能替代原先的 Web Services 插件。虽然 UFT API 测试功能比 QTP 的 Web Services 插件功能更先进，但是如果你需要使用原先的 Web Services 插件来执行过去的 QTP 脚本还是能够实现的，WebServices 默认已经被隐藏，我们需要在注册表中修改相应的选项值。

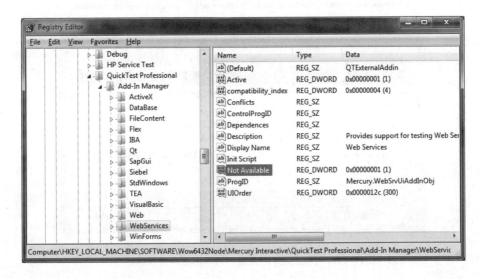

Note：Open regedit.exe 并且找到相应的键。

```
Win32:
HKEY_LOCAL_MACHINE\SOFTWARE\Mercury Interactive\QuickTest Professional\Add-in
 Manager\WebServices
```

Win64:

HKEY_LOCAL_MACHINE\SOFTWARE\Wow6432Node\Mercury Interactive\QuickTest Professional\Add-in Manager\WebServices

双击'Not Available'并将值从 1 改为 0。

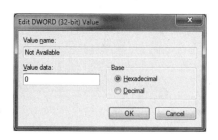

Andrew：你有没有使用过 UFT 集成的打印机功能？

我：在早先的 QTP 中，打印机窗口是一个独立的窗口，而在 UFT 中，打印机窗口已经被集成到应用程序的主窗口里。另一个改进之处是，我们现在能够搜索到包含特定关键字符串的日志，并且另存到本地硬盘。

Andrew：

我：文件检查点是 UFT 中新引入的检查点，我们能够创建针对文件系统的检查点，如 pdf，htm，html，rtf，doc 以及 docx 等。我们能够加载这些文件并且对需要验证的内容增添检查点。通过应用文本检查点，我们能够完成页数统计、文本行遗漏或者错误等信息验证。

文本检查点只支持文件系统，而不支持内存中的字符串变量。但是，这点很容易变通解决，我们只需要把字符串变量写入文本文件，然后便可应用文本检查点进行验证了。

所支持的文件首先会被转为纯文本文件格式，然后再被用于测试验证。在转换过程中，文本的布局排列会被完整保留。

值得注意的是，文本检查点不支持已加密的 PDF 文档。

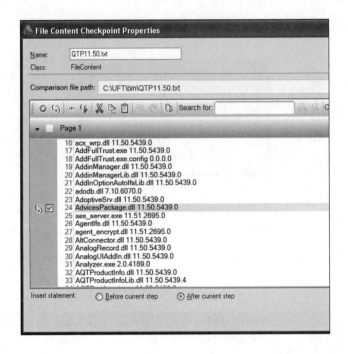

Andrew：基于透视图像（Insight image）的对象识别技术是最新版本的 UFT 中独有的吗？

我：透视图像是 UFT11.5 中新加入的特性。这对于原先在 QTP 中无法识别的对象来说，这个新特性可谓是革命性的改进。透视图像支持基于图像识别技术来判断对象。

UFT 提供了两种方式来添加 UFT 对象。一种是通过录制工具栏中的透视录制（Insight Recording）方式。

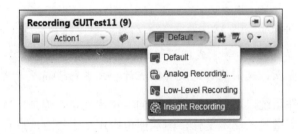

另一种方式是在对象库中添加对象。

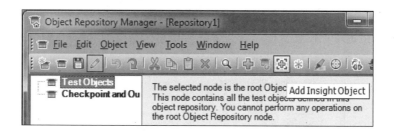

一旦按下'Add Insight Object'按钮，UFT 就会弹出一个能够设置关于对象的识别模式的对话框：自动和手动。

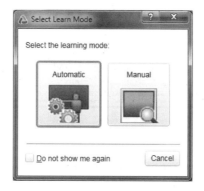

如果选择了手动（Manual）模式，我们能够在对象周围拖放上一个矩形。如果选择了自动（Automatic）模式，当我们单击了某个对象，UFT 会自动识别该对象的边界。

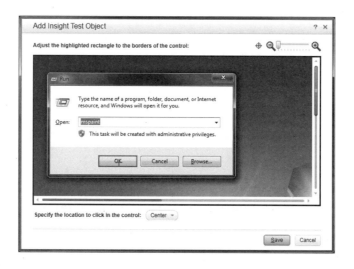

当添加一个透视对象，必须指定单击的位置，默认的单击位置是矩形搜索框的中心位置。但是，我们也能够指定用户位置坐标。这些坐标与矩形搜索框的 top-left 值有关。

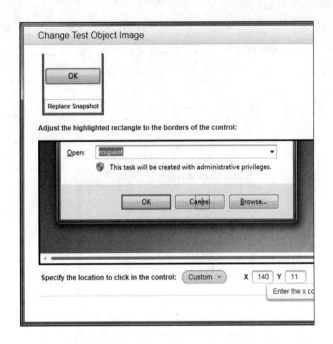

用户自定义的坐标值不一定在矩形搜索框内，也可能会超出矩形搜索框。这就意味着，也许我们定义了一个 OK 按钮，但是选择了用户自定义坐标值后，实际单击的是 OK 按钮边上的 Cancel 按钮。（译者注：如下图所示，X 值为 140，已经超出 OK 按钮本身的宽度，因此才会指向 Cancle 按钮。）

透视对象支持的主要方法有：

- Click

- DblClick

- Hover

- LongClick

- Type

我们仍然能够手动修改匹配的相似度百分比值。UFT 中使用的默认值是 80%。此处不推荐使用低于默认值的设置，否则可能会导致产生同时匹配到多个对象的错误。

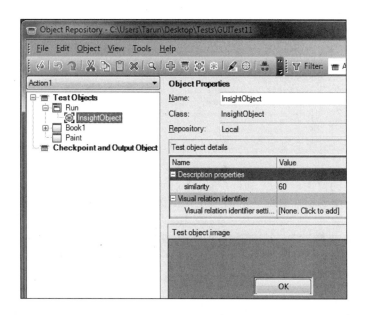

在我们编写代码时，对象也会以图片的形式展现。

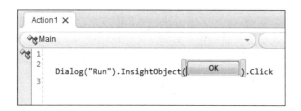

Andrew：我们能够使用描述性语言来应用透视对象吗？

我：可以。可以尝试使用以下代码：

```
Dialog("Run").InsightObject("ImgSrc:=C:\temp\okbutton.png").Click
```

也可以加入相似度属性描述。

```
Dialog("Run").InsightObject("ImgSrc:=C:\temp\okbutton.png", "similarity:
=90").Click
```

Andrew：还有什么让你印象深刻的改进吗？简单介绍一下。

我：现在我们能够更快速地加入输入/输出参数。之前的版本，我们必须在 Action 的属性设置中添加参数。现在能够通过属性窗口直接添加参数。

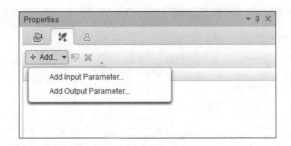

UFT 还提供了改进的位图检查点。该位图检查点允许我们创建可忽略或者需验证的范围。这意味着，我们能够指定某个范围的位图在运行过程中忽略检查或者必须进行验证。

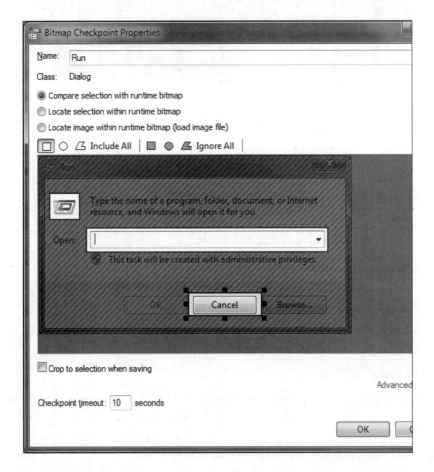

Andrew：好的。在 UFT 中，函数（Functions）和操作模块（Actions）的区别是什么？

我：函数是 VBScript 语言的特性，我们能够在函数中组织代码。而操作模块是 UFT 的特性。

操作模块与本地对象库（Local Object Repository）、本地数据表（Local DataTable）和共享对象库（Shared Object Rpository）关联在一起。而函数与这些特性均无任何关联。我们能够在一个操作模块中定义一个函数，反之则不可行。另外，一个函数能够定义在 UFT 的测试脚本中，也能够在函数库中进行编写，而操作模块只能应用在测试脚本中。

操作模块通过输出参数能够产生多个返回值。一般来说，函数只能返回一个值，但是我们仍然能够通过使用按地址（ByRef）方式传递参数，公共变量（Public variables）等方式变相改变多个值。

Andrew：是否可以在一个操作模块（Actions）中调用另一个操作模块中的函数（Function）？

我：恐怕不行。在 UFT 中，每个操作模块都有自己的命名空间，也只能够调用各自命名空间内的函数。因此，不能跨操作模块调用函数。

Andrew：那么，操作模块（Actions）和函数（Functions）哪个更常用些？

我：应该各有各的优势和不足吧，但是，我觉得现在越来越多的用户偏向使用函数，而不是操作模块。

使用操作模块的心得如下：

- 操作模块允许多个可选参数。

- 操作模块参数不能接收复杂值类型，如数组 Array 或者对象 object 等。

- 一个不包含对象和代码的空操作模块大约会占用 150kB 以上的硬盘空间，所以，使用多个操作模块会大大增加脚本容量。

- 对于可重用的操作模块来说，被调用时是只读状态。因此，如果在脚本运行过程中因为操作模块代码问题导致出错，我们必须重新打开可重用的操作模块，进入可编辑状态，然后打开一个测试过程，进行验证，若依旧失败，则不得不再次进行整个繁琐的修改，因此产生了高昂的维护成本。

- 操作模块非常适用于将代码按照逻辑关系划分成一个个脚本模块。

与操作模块相比，函数在实际应用中具有以下优势：

- 由于无需强制关联本地对象库及数据表，因此使用函数并不会占用太多硬盘空间。

- 只要重新定义函数，便能方便地达到重写的目的。

- 相对于操作模块来说，修改函数显得非常简单快捷，因此大大减少了维护成本。

- 函数能够使用 VBScript 脚本语言支持所有特性。

所以，如果在测试中使用了大量的操作模块，维护成本就会变得很高，因此我个人更喜欢使用函数。

Andrew：在 UFT 中默认有哪些插件（Add-ins）？

我：UFT 提供了许多插件，在安装 UFT 的过程中，我们能够自由选择安装我们需要的插件。默认安装的插件有 Web、ActiveX 以及 VB。

Andrew：如何在运行时加载一个操作模块（Action）？

我：UFT 提供了一个 LoadAndRunAction 的方法完成这样的操作。

Andrew：假设在我的脚本中有登录模块、下单模块、退出模块 3 个操作模块。并且在全局数据表中有 4 个迭代（4 行数据），现在我希望登录模块以及登出模块只执行一次，在第一次迭代时登入，在最后一次迭代时登出。我该怎么做？

我：如果我们的 case 要求登入模块只执行一次，我会在关联库中使用一个全局变量作为标识：

```
Dim bLoginDone: bLoginDone = False
```

并且在我们的登入模块中，我会检查标识，假设已经执行过一次，便会退出操作模块，以保证在整个测试中操作模块只执行一次。

```
If bLoginDone Then ExitAction "Login Already executed"
bLoginDone = True
```

然而，我们又希望在最后一次迭代执行登出操作，这样的写法似乎无法达成。因此，我会切换到关键字视图（Keyword view），并且删除登入登出模块的调用，只留下下单模块的调用。然后，为了只执行一次登入登出模块，我们需要用到类的构造函数以及析构函数的特性。

```
Class ActionLoader
    Sub Class_Initialize() '构造函数
        RunAction("Login")
    End Sub
    Sub Class_Terminate() '析构函数
        RunAction("Logout")
    End Sub
End Class
```

```
Set oActionLoader = New ActionLoader
```

以上关于类定义以及创建实例的代码能够保证在类创建时执行构造函数调用登入模块，以及在最后测试执行结束时应用析构函数调用登出模块。

Andrew：如何删除一个操作模块（Action）调用？

我：如果在专家视图（Expert View）中删除一个模块执行（RunAction）声明，那么在测试流（TestFlow）中操作模块会被删除，但是其信息仍然在测试中保留。如果要彻底删除操作模块，还必须切换到关键字视图（Keyword View），右键操作模块的调用并且从列表中删除。这样就能在测试中完全删除模块信息。

Andrew：我们能够在 UFT 中隐藏关键字视图吗？

我：不能，不能在 UFT 中隐藏关键字视图。在 QTP11 中，我们能够做到隐藏关键字视图，但是在 UFT 中，关键字视图和转角视图已经不再是分开展示的 tab 分栏，而是作为同一视图菜单下相互依存的整体存在。

Andrew：函数（Function）和过程（Sub-routine）有什么区别呢？

我：函数可以有返回值，而过程没有返回值。

Andrew：能否举一个简单的例子来说明何时用函数，何时用过程？

我：好的，假设我需要设计两个方法：一个方法的功能是检查文件是否存在；另一个方法的功能是删除文件。显而易见，检查文件存在的方法需要一个布尔（Boolean）数据类型的返回值。也就是说，如果文件存在，返回值应该是'True'；如果文件不存在，返回值应该是'False'。所以，这个方法我会选择用函数来实现。至于删除文件的例子，按照我个人的编程习惯，如果删除文件失败，我会选择抛出一个异常，而不是返回一个 False 值。因此，这个方法我会选择过程来实现。

Andrew：如何通过函数（Function）返回多个值？

我：一般来说，一个函数只能返回一个值，但是还是有一些方法能够变相返回多个值，如使用按地址（ByRef）方式传递参数；使用集合类型，如数组 Arrays、字典'Scripting.Dictionary'等，我们还能够通过使用类达到返回多值的目的。我们可以创建一个类，设置多个属性，然后通过函数返回该类的实例。

Andrew：能不能写一段代码来说明这个类该如何定义以及如何在函数中调用这个类？

我：好的，没问题，代码如下：

```
Class MultiData
```

```
        Dim Info1,Info2,Info3
End Class

Function GetInfo()
        Dim oInfo
        oInfo.Info1 = "Info1"
        oInfo.Info1 = "Info2"
        oInfo.Info1 = "Info3"
        GetInfo = oInfo
End GetInfo
Dim oInfo
Set oInfo = GetInfo
Msgbox oInfo.Info1
```

Andrew：如果我想使用字典（dictionary），代码该怎么写？

我：一种方法是在函数中返回字典实例；另一种方法是将字典实例作为参数传入方法并做相应的修改。

方法 1：

```
Function ReturnDictionary()
        Dim oDict
        Set oDict = CreateObject("Scripting.Dictionary")
        oDict("Info1") = "Information1"
        oDict("Info1") = "Information2"
        oDict("Info1") = "Information3"
        Set ReturnDictionary = oDict
End Fucntion
```

方法 2：

```
Dim oMyDic
Set oMyDic = CreateObject("Scripting.Dictionary")
Call LoadDictionary(oMyDic)
Function LoadDictionary(oDict)
        oDict("Info1") = "Information1"
        oDict("Info1") = "Information2"
        oDict("Info1") = "Information3"
End Function
```

Andrew：函数（Functions）中两种传递参数的方式分别是什么？

我；一种是按值（ByVal）方式传递参数；另一种是按地址（ByRef）方式传递参数。

Andrew：这两种方式有什么区别？

我：如果使用了按值方式传递参数，VBScript 会创建该传入变量参数的副本，任何在函数中对该参数做的修改只能对副本值起作用。如果使用了按地址方式传递参数，任何在函数中对参数的改变都会影响原变量的值。

Andrew：如果我在调用函数时没有定义传递参数的方式，省略了 ByVal 或者 ByRef 关键词，那会发生什么情况呢？

我：参数默认以按地址（ByRef）方式传递。

Andrew：好的。假设现在我有两个函数，一个应用了按值方式传递参数，另一个应用了按地址方式传递参数。然后，我将一个数组传给这两个函数，并且在函数中修改了数组的一个值。请问在哪个函数中的改动会对这个数组起作用？

我：老实说，之前我并没有这样试过，不过，传递数组应该跟其他的简单数据类型差不多，因此，按值方式传递参数不会起作用，而按地址方式传递参数会起作用。

Note：Nurat 的以上理解是正确的。

Andrew：能否在循环中应用 Continue 语句？

我：很遗憾，UFT 和 VBScript 都不支持 Continue 声明。

Andrew：你能想到实现 Continue 功能的变通方案吗？

我：让我想想。

（要退出当前循环进入下一个循环，应该使用 Exit 语句，但是 Exit 语句会退出整个循环。）

我认为能使用 Exit 语句，但是需要在循环中再嵌套一级循环。举例说明：假设需要循环执行 3 次就应用 Continue 语句，我想代码应该写成如下形式：

```
For i = 0 to 20
    For j = 0 to 0
        If (i Mod 3) = 0 Then Exit For
    Next
Next
```

Andrew：请告诉我 Reporter 对象有哪些常用的方法及属性？分别是什么作用？

我：Reporter 对象支持 ReportEvent、RunStatus、ReportPath、ReportNpte 以及 Filter。

ReporterEvent 的作用是在测试结果中添加信息。

RunStatus 的作用是运行时得到当前的执行状态，fail 或者 pass。

ReportPath 是当前测试结果存储的路径。

ReporteNote 允许在报告中添加日志。

Filter 的作用是设置过滤器，筛选在测试报告中的事件信息。

Andrew：如何检验测试是否通过？

我：我们能够应用 RunStatus，检查该值，如果值的内容是 micFail，则表示测试失败。

Andrew：如果使用操作模块（Action）迭代 5 次，我能够应用 RunStatus 进行验证吗？

我：恐怕不能。一旦第一次测试失败，RunStatus 就会被设为 micFail，即使以后测试通过，该值也不会改变。

Andrew：我们无法重置 RunStatus？

我：不能，因为它是只读的。

Andrew：你如何检查迭代的状态？

我：恐怕没有直接的方法去检查迭代的状态。测试失败的原因有许多，如脚本出错、验证点出错、报告出错等。我们能够使用恢复场景（Recovery Scenarios）方法设置错误标识。这个标识能够在迭代前被重置，这样我们就能在上一次迭代后查看标识值来确认操作模块是否执行通过。但是，这类方法仅仅只能用于 QTP 场景恢复所触发的错误，对于自定义的一些错误，只能通过 Reporter.ReportEvent 来生成，此处可以通过添加如下脚本来设置错误标识。

```
Environment("Action_Passed") = True
Function ActionCode()
End Function

On Error Resume Next
Call ActionCode()
If Err.Number <> 0 Then
  'An error had occurred
  Environment("Action_Passed") = False
End If
```

```
Function NewCheck(ByVal Obj, ByVal CheckObj)
  Dim bCheckStatus
  bCheckStatus = Obj.Check(CheckObj)
  If Not bCheckStatus Then
   Environment("Action_Passed") = False
  End If
End Function
RegisterUserFunc "WinEdit", "Check", "NewCheck"

Function ReportEvent(ByVal Status, ByVal StepName, ByVal Description)
 Reporter.ReportEvent(Status, StepName, Description)
 If Status = micFail Then
  Environmen("Action_Passed") = False
 End If
End Function
envName = Environment("ActionName") & "_Passed"
Environment(envName) = True
```

Andrew：ReportEvent 方法能够使用哪几种状态？

我：报告 Passed 状态（micPass）的测试步骤，报告 Failed 状态（micFail）的测试步骤，报告一个警告状态（micWarning）的测试步骤，报告一个无状态（micDone）的测试步骤以及报告信息（micInfo）的测试步骤。

Andrew：如何在 UFT 中导入一个数据表（DataTable）？

我：可以在脚本中写入'DataTable.Import'，这样就能导入整个数据表，如果需要特定的数据sheet，代码可写成'DataTable.ImportSheet'。

Andrew：除此以外，还有没有其他办法能够将数据导入数据表？

我：我们可以应用 Excel COM API 并且一行一行地导入数据，但是与 DataTable.Import 方法比较，这样做的效率会低很多。

```
Function ImportSheetUsingExcel(ByVal ExcelFileName, SourceSheet, DestSheet)
    Set xlsWorkBook = GetObjcet(ExcelFileName)
    Set xlsSheet = xlsWorkBook.WorkSheets(SourceSheet)
    iRowCount = xlsSheet.UsedRange.Rows.Count
    iColCount = xlsSheet.UsedRange.Columns.Count
    For i = 1 to iColCount
```

```
        DataTable.GetSheet(DestSheet).AddParameter xlsSheet.cells(1,i).Text,
  xlsSheet.Cells(2,i).Text
    Next
    For j = 3 to iRowCount
        DataTable.SetCurrentRow j - 1
            DataTable.GetSheet(DestSheet).GetParameter(xlsSheet.Cells(1,i.
Text).Value = xlsSheet.Cells(j,i).Text
        Next
    Next
End Function
```

Andrew：如果我想在对象库（Object Respository）中添加一个对象，但是我的对象库满了，我该怎么办？

我：（满了？我从没想过对象库竟然还会满！）

我已经使用 UFT/QTP 有 5 年之久，直到现在我还从没遇到过对象库满的情况。所以，根据我的个人经验，我认为这种情况不会发生。不过，假设有一些非正常的原因导致这种情况出现，我可能会在对象库中移除一些已经不再需要的对象，或者创建一些共享对象。然后，我会联系 HP 相关人员，为什么 UFT/QTP 的对象库会有容量上限，并且这个上限还没在官方文档中出现过。

Andrew：我们能够在运行时（run-time）向对象库（Object Respository）中添加对象吗？

我：我们无法在运行时向对象库中添加对象，如果想在运行时匹配没在对象库中出现过的对象，可以使用描述性编程（Descriptive Programming，DP）。

Andrew：假设我的一个测试脚本中的对象都是共享对象，现在我需要把共享对象转为本地对象，该怎么做？

我：UFT 没有提供将共享对象库转为本地对象库的方法。但是，在对象库中我们可以右键某个对象，选择'Copy to Local'。我们可以同时选择多个对象进行操作，但是有一个前提，这些对象必须属于同一个父对象下。所以，如果共享对象库包含了许多对象，就需要这样一点点添加到本地，工作量相当大。

Andrew：什么是对象库参数映射？

我：对象库参数映射就是在对象库中对对象的属性值进行参数化。对共享对象库使用参数化后，该对象属性就会被映射到环境变量或者数据表参数。

Note：如果需要对共享对象库进行参数化，首先需要选择 Tools->Manage Repository Parameters。

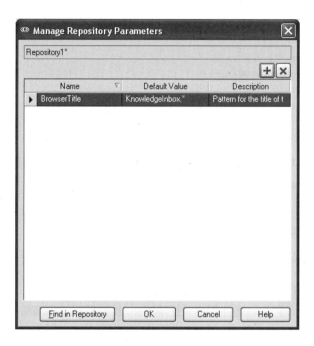

一旦共享对象库与测试关联后，我们需要映射参数，可选择 Resource->Map Repository Parameters。

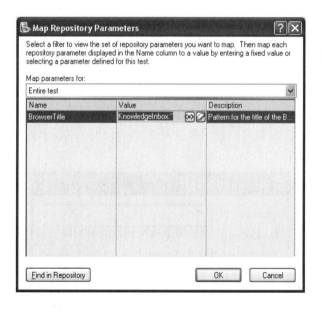

Andrew：使用参数化后，我们便能在运行时改变对象库参数了吗？

我：是的，使用的代码如下。

```
Repository("ParamName") = "Value"
```
Andrew：如何在运行时动态加载对象库？

我：可以使用'RepositoriesCollection.Add'方法在运行时动态加载对象库。

Andrew：如何才能把两个共享对象库合并成一个？

我：对象库管理工具（Object Repository Manager Tool）其中有一个模块叫作对象库合并工具（Object Repository Merge Tool）。只需要导入两个对象库文件到这个合并工具中，就能够生成一个新的对象库文件。

Andrew：在合并中会遇到什么冲突？

我：可能会遇到 3 类冲突：

- 相似描述冲突，如果有两个对象拥有同样的逻辑名以及层级关系，但是其中一个对象与另一个对象相比拥有更多的属性。合并过程中，我们可以选择保留较少或者较多属性的对象。

- 同名不同描述冲突，如果两个对象拥有同样的逻辑名以及层级关系，但是描述各不相同。同名不同描述冲突可能定义了不同的属性或者同属性不同值。合并过程中，我们可以选择只保留一个对象或者两个对象都保留。

- 同描述不同名冲突，如果两个对象拥有同样的父对象以及同样的描述，但是不同逻辑名。合并过程中，我们只能选择保留其中一个对象，不能两个都保留。

Andrew：在 UFT 中如何加密？

我：如果是在设计代码时，可以使用密码编译工具（Password Encoder tool）。如果是在运行时，需要使用加密功能，我们可以应用保留对象 Crypt 中的一些方法来实现。

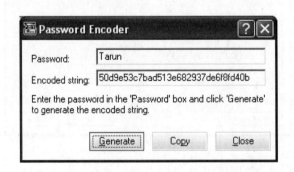

Andrew：那你如何解码呢？

我：到目前为止，UFT 中还没有提供相关的方法。一般来说，我们会在 TextBox 控件中使用 SetSecure 方法设置加密密码，然后在特定的时候取回。

Andrew：在 UFT 中如何实施跨平台测试（Cross Platform Testing）？

我：UFT 只支持 Windows 操作系统。所以，UFT 中的跨平台可能只是指不同版本的 Window 操作系统，这样，只需在不同的机器上安装不同版本的操作系统再运行脚本就行了。如果你说的跨平台是指 Linux、UNIX 之类的操作系统，那么 UFT 恐怕无法胜任。

Andrew：描述性编程中的 micClass 里的'mic'指什么？

我：我好像不记得 HP 官方文档里提到过 mic，不过，我认为 mic 代表的应该是'Mercurty Interactive Class'，毕竟 UFT 前身是 Mercury Interactive 公司的产品。

不过，在 UFT 中还定义了许多宏，如 micPass、micFail 等。所以，也许 mic 也代表'Mercurty Interactive Constant'，正确答案是什么，恐怕只有 Mercury 或者 HP 公司的相关人员才能说清吧。

Andrew：能不能简单介绍下描述性编程（Descriptive Programming）？

我：描述性编程是 UFT 中的一个重要特性。该特性提供了一种在运行时通过描述性语句来匹配对象的方法。通过应用描述性编程，脚本开发人员只需要给出特定对象的一些特定描述定义，便能灵活地使用对象，而无需预先在对象库中存储对象。对于已经在对象库存储过的对象，仍然可以使用描述性编程，被描述的属性不限于对象库中存过的那些属性。

Andrew：你能否详细说一下你刚才所说的 '对于已经在对象库存储过的对象，仍然可以使用描述性编程，被描述的属性不限于对象库中存过的那些属性' 具体指什么？

我：默认情况下，我们只能在对象库中指定某个对象的部分属性。举个例子，我们指定某个 TextBox 控件的'Name'和'HTML Tag'属性，在匹配过程中，UFT 只会使用这两个属性来匹配对象。而使用描述性编程，自动化脚本开发人员能够自由选择更多属性，前提是该对象支持这些属性。具体来说，自动化脚本开发人员针对 TextBox 控件可以不使用'Name'或者'HTML Tag'属性，而使用'HTML ID'动态匹配 TextBox 控件。当然，同时使用'Name'或者'HTML Tag'属性也是被支持的。

简单来说，自动化脚本开发人员能够在运行时针对应用程序中多个对象分别设置属性值，灵活地完成对象匹配。

Andrew：描述性编程（Descriptive Programming）是否有多种类型？

我：描述性编程不存在多种类型的概念吧。

Andrew：你没有听说过基于字符串的描述性编程（Descriptive Programming）和基于对象的描述性编程（Descriptive Programming）吗？

我：哦，你指的是这个。我一般会称之为不同的样式，而不是不同的类型，在我看来，有两种样式：

- 在基于字符串的描述性编程里，我们使用字符串参数来描述对象，代码如下：

```
Set oBrower = Browser("micclass:=Browser")
```
- 在基于对象的描述性编程里，我们首先创建一个描述性对象，然后对其属性分别进行设置。

```
Set oBrw = Description.Create
oBrw("micclass").Value = "Browser"
Browser(oBrw).Close
```

Andrew：哪种方式更好一些？基于对象的描述性编程（Descriptive Programming），还是基于字符串的描述性编程（Descriptive Programming）？

我：每种方式都有各自的优势和不足。与基于对象的描述性编程相比，使用基于字符串的描述性编程更节省内存空间，但是却会占用更多的代码行数，虽然可以通过使用变量来减少行数，但总的来说还是比基于对象的描述性编程要多。而在基于对象的描述性编程里，使用多个属性会更方便，在代码维护阶段，我们可以不必改动原本的代码，只对描述性对象添加新的属性便可完成修改，而使用基于字符串的描述性对象则必须改变源代码。

我个人并没有偏爱哪一种方式，我会根据实际情况进行选择，一般情况下，我会使用基于字符串的描述性编程，如果该对象的属性有多个，我可能会选择基于对象的描述性编程。

Andrew：运行时，我们使用 Index:=1 描述了一个 UFT 测试对象，我们能够使用同样的方式来获取这个对象的 Location 属性吗？如果可以，是用 GetROProperty 方法，还是用 GetTOProperty 方法？

我：我们无法使用 GetROProperty 或者 GetTOProperty 方法来获取 Location 对象。顺序标识符可以用来定义一个对象，但是无法在运行时被获取到。

Andrew：你的意思是我无法得到对象的 location 属性？

我：也不是不可能，有一个变通解决方案。如果是一个 Windows 应用程序，那么其中的控件都应该有一个 handle，我们便能够使用 GetROProperty('hwnd')。因此，获取到使用 index:=1 定义的对象的 handle，然后使用 location:=i，循环增加 i 值，直到匹配到 handle。代码如下：

```
'Retrieve the Handle of the target WinEdit
iHWND = Window("").WinEdit("").GetROProperty("hwnd")
Set oDesc = Description.Create
oDesc("micclass").Value = "WinEdit"
Set oParent = Window("").ChildObject(oDesc)
For i = 0 to oParent.Count - 1
    If Window("").WinEdit("location:=" & i).GetROProperty("hwnd") = iHWND Then
        MsgBox "Location Ordinal Identifier =" & i
        Exit For
    End If
```

Andrew：如果我只启动了一个浏览器，然后用以下代码检查第三个浏览器是否存在：

```
bExist = Browser("index:=2").Exist(0)
```
程序会报错吗？或者程序会返回 True 或者 False 吗？

我：会返回 Ture。

Andrew：为什么？

我：顺序标识符在使用过程中只会在其他属性都匹配一致的情况下才会生效。因此，这个例子中只有一个浏览器正在运行。UFT 不会应用 index 属性，因此会返回 True。

Andrew：可是，在这个例子里，我只是用 index:=2 来匹配，并没有使用其他属性，为什么这个 index 会无效呢？

我：每个对象都存在一个默认的属性叫做 micclass，其值会根据我们选择的不同对象作不同的默认设置。因此，对于一个浏览器来说，Browser("index：=2")等价于 Browser("micclass：=Browser","index:=2")，一般我并不太常用 index 属性。不过，需要注意的是，Browser("micclass:=Browser")并不等价于 Browser()或者 Browser("")。如果使用类似的空描述，UFT 运行时一定会报错。

Andrew：那么，我该如何修改之前例子里的代码呢？

我：可以使用一个无效参数 index：-1 来检查对象是否存在，index 是基于零的，最小值就是 0，显然-1 是无效的。因此，如果匹配到了浏览器对象，则意味着 index：-1 未生效。也就是说，只存在一个浏览器对象，并没有出现匹配到多个对象的情况。

反之，如果使用 index:-1 未匹配到对象，则意味着出现了多个对象，拥有同样的默认属性，因此我们便需要设置 index 为有效值来进一步匹配对象，代码如下：

```
bInvalidExist = Browser("index:=1").Exist(0)
If bInvalidExist Then
     Msgbox" Only 1 browser exists "
Else
     bExist = Browser("index:=2").Exist(0)
     Msgbox "Browser Exists - " & bExist
End If
```

Andrew：那你如何取得打开的浏览器总数？

我：我一般会使用 Desktop 对象通过得到所有 ChildObjects 来匹配浏览器对象并获得总数。代码如下：

```
Set oDescBrowser = Description.Create
oDescBrowser("micclass").value = "Browser"
Set allBrowsers = Desktop.ChildObjects(oDescBrowser)
Msgbox allBrowsers.Count
```

Andrew：如果我的一个 Web 应用程序中存在一个 textbox 对象，现在我打算用描述性编程，代码如下：

```
Browser().Page().WebEdit("name:=txt$content1$test","index:=1").Set "Test"
```

如果我的这个 textbox 对象的 name 为'txt$content1$test'，该行代码会生效吗？

我：应该无法匹配到对象，原因在于在 name 的字符串'txt$content1$test'中包含了一些正则表达式的特征字符，因此出现识别错误，有两种方法来修改代码：

一种方法是使用转义字符。

```
Browser().Page().WebEdit("name:=txt\$content1\$test","index:=1").Set "Test"
```
另一种方法是使用基于对象的描述性编程。

```
Dim oDesc
Set oDesc = Description.Create
oDesc("name").Value = "txt\$content1\$test"
oDesc("name").RegularExpression = False
Browser().Page().WebEdit(oDesc).Set "Test"
```

Andrew：你有办法关闭所有的浏览器吗？

我：可以使用如下代码：

```
SystemUtil.CloseProcessByName "iexplore.exe"
```

Andrew：还有其他方法吗？

我：可以枚举所有的浏览器对象，然后一个一个关闭：

```
Set oDescBrowser = Description.Create
oDescBrowser("micclass").value = "Browser"
Set allBrowsers = Desktop.ChildObjects(oDescBrowser)
For i = 0 to allBrowsers.Count - 1
    allBrowser(i).Close
Next
```

另外还有一些方法，如通过浏览器的标题关闭进程（可以使用'SystemUtil.CloseProcessBy WindTitle'），通过浏览器的进程 ID 关闭进程（可以使用 SystemUtil.CloseProcessByID'），使用 WMI 等。

Note：使用 WMI 关闭进程示例代码如下：

```
'定义电脑的名字或者 IP
sComp = "."
'得到 WMI 对象
Set WMI = GetObject("winmgmts:\\" & sComp & "\root\cimv2")
'通过 name 获取进程的集合
Set allIE = WMI.ExecQuery("Select * from Win32_Process Where Name = 'iexplore.exe' ")
'关闭进程
For Each IE in allIE
    IE.Terminate()
Next
```

Andrew：Object Spy 是什么？我们能通过使用 Object Spy 获得什么信息？

我：Object Spy 是一个 UFT 的工具，通过该工具，我们能够查看应用程序中的对象的方法以及属性。在 Spy 到了一个对象后，我们可以通过切换 radio 按钮控件来进行选择：一个是运行时的对象属性，另一个是测试对象或者本地对象属性。另外，还有两个 tab 分栏显示不同类型的对象支持的方法和属性。

Andrew：运行时对象属性和测试对象属性有什么区别？

我：测试对象属性用来定义一个对象。我们在对象库和描述性编程中使用的属性往往是测试对象属性，而运行时属性则是被定义的对象在运行时实际的属性。

Andrew：你能举个例子来说明吗？

我：好的，假设我们在对象库里定义了一个 Logout 的 link 对象，其 text 属性被定义为'Logout.*'。这里的'Logout.*'就是测试对象属性。如果使用 GetROProperty 获取这个 link 对象的 text 属性，结果可能是'Logout Nurat'，这里的 link 对象的实际属性就是运行时对象属性。

Andrew：那我们如何取得本地对象属性呢？

我：可以使用.对象属性的方式得到任何对象支持的方法和属性，还可以使用 GetROProperty 方法来获得本地对象属性。

Andrew：如何改变运行时对象属性呢？能使用 SetTOProperty 方法吗？

我：不能，我们不能直接改变运行时对象属性。SetTOProperty 用来改变定义对象的属性。如果要改变一个运行时对象的属性，需要使用 UFT 支持的一些方法。比如，需要改变 WebEdit 对象的 value 属性，可以使用 Set 方法来改变值。

Andrew：还有其他方法来改变运行时对象属性吗？

我：还可以使用底层本地（underlying native）对象属性。当然，并不是所有的插件都支持这个选项。

Andrew：假设我通过 Firefox 浏览器录制了一个脚本，现在我希望在 IE 浏览器中回放，脚本能正常工作吗？

我：可能会产生一些兼容性问题，需要注意以下几点：

- Firefox 浏览器版本应该是被 UFT 支持的。

- 如果录制过程中操作了 Password 窗口、security alert、certificate 错误等，就会产生兼容性问题，因为 IE 和 Firefox 中的对应控件类型不相同。

- 如果打算使用文档对象模型（HTML DOM），那么也许会产生问题，因为 DOM 方法在 IE 和 Firefox 中是不同的。

- 还有一些偶发的原因会导致运行失败，如使用 ChildObjects 方法，在 IE 中常常会返回 0 个元素。

Andrew：如何验证在 Firefox 浏览器中，一个页面已经完全加载完毕？

我：我会使用'Browser.Sync'验证。

Andrew：UFT 支持哪些浏览器类型？

我：UFT 支持 IE、Firefox、Google Chrome，以及 Netscape。

Andrew：如果我在一个浏览器中进行录制操作，我喜欢获取到 Broser 对象类型，但是结果是 Window 对象。你认为可能是哪些原因导致了这种现象？

我：据我所知，应该有好几种可能的原因。

- Web 插件没有被加载。

- 浏览器版本不被 UFT 支持。

- 在 IE 浏览器设置中禁用了第三方浏览器扩展。

- 在 IE 浏览器设置中禁用了 BHOManager add-on。

- UFT 安装不完整。

- UFT 在目标浏览器运行后才启动。

我现在能想到就是这些。

另外值得一提的是，在 Windows Vista 或者 Windows7 操作系统中，如果用户账户设置（UAC）启用了，那么使用 IE 可能会有一些问题。

Andrew：有时候脚本执行速度非常慢，你觉得是什么原因导致脚本性能差？

我：原因有以下几个。

- 脚本中可能存在大量不需要的 wait 语句。

- 如果 Smart 识别被允许，那么脚本运行可能会变慢。

- 不合理地设置识别超时时间。举例说明，假设在一个窗口中存在 5 个对象，我设置了每个对象的识别超时时间为 20 秒，如果在运行中出现了一些预期外的错误，可能该窗口没有正确加载，这样的话连窗口对象都没有被识别到，那么脚本不能不等待每个对象识别超时，总共需要 100 秒。因此，可以改变一些脚本，既然我们花了 20 秒等待第一个对象被识别到，那么如果识别失败，可以认为窗口没有加载成功，于是后面 4 个对象的 20 秒超时都无意义，因此我们将超时时间从 20 秒改为 0 秒。

- 如果在一个复杂的 HTML/JavaScript 页面频繁使用 ChildObjects 方法，也很可能导致脚本运行变慢。

- UFT 默认使用了 20 秒的对象同步超时以及 60 秒的 WebTimeout 超时，我们可以根据实际情况减少超时时间来优化性能。

- 循环操作的不合理使用，我们应该在期望操作完成后退出循环。举例说明，假设在一个 Web 应用程序中去匹配 List 对象的属性，我们使用循环去匹配所有的 tagName 属性，假设没有在匹配到期望对象后退出循环，那么我们不得不等待整个循环完成。

我能想到的暂时就是这些。

Andrew：是不是还遗漏了一些与 UFT 设置有关的原因？

我：（我有遗漏什么吗？……在 UFT 设置中，我已经提到了对象超时，WebTimeout 超时，Smart 定义。应该都提及了……对了，在 tools->options 里还能够设置 run mode，也许它指的是 Run Mode…）

是的，我遗漏了 UFT 中的 Run Mode 设置。如果设置为 Normal mode，那么脚本运行需要更多的时间。如果设置为 Fast mode，脚本执行速度更快。

Andrew：File->Settings 和 Tools->Options 这两个设置项有什么区别？

我：我们在 File->Settings 里做的任何修改都会与脚本关联，如果我们在另一台测试机上打开同一个脚本，那么这些设置是完全相同的。而 Tools->Options 设置则与本机相关，并不与脚本有任何关联。

Andrew：同步点（synchronization points）是一个什么概念？

我：同步点特性能够帮助 UFT 去等待，直到一个期望的状态出现，这样接下去的脚本运行就能够如期执行。如果没有同步点，那么 UFT 中的脚本很可能会执行过快，以致对象匹配出错。举例说明，在一个 Web 应用程序中，当按下'添加至购物车'按钮，需要等待一会才能完成添加，那么同步点就适合加在此处。同步点特性使得我们的脚本执行得更加流畅，而且会大大减少'对象没找到'这样的错误发生。

Andrew：在脚本中具体是如何使用同步（synchronization）的？

我：这取决于我们的测试环境以及需求。

- 如果期望在一个 Web 应用程序中等待一个页面正确加载，我会使用 Browser.Sync。
- 如果期望等待一个页面上的控件属性改变，我会使用 WaitProperty 方法。
- 如果期望判断对象是否存在，我会使用 Exist 方法。

Andrew：Browser.Sync 和 Page.Sync 有什么区别？

我：UFT 官方文档里并未提及这两者的区别。但是，根据我个人的使用经验，我认为 Browser.Sync 更具有泛用性，但是文档并没有相关说明。

Andrew：假设有两种类型的脚本：一种是同步点较少性能较优但是出错几率比较大，另一种是同步点较多但是更可靠？

我：额，这样的选择有些困难，最好是能找到两者之间的平衡。在我刚开始接触自动化测试的前几年，我不常使用同步点，这样的话，我写脚本的速度往往非常快。有时脚本运行出错，我便会根据实际情况添加一些同步点。但是，随着脚本越来越多，我们发现一个小小的错误会带来大量的结果分析的时间消耗。因为我们认为，在脚本设计阶段降低一些速度增加必要的同步点是非常有意义的。

Andrew：你是否在自动化测试中运用过 Office 应用程序，如 Excel？

我：当然用过。

Andrew：好的，如果我已经打开了一个 Excel sheet，我该如何得到该 Excel 的 worksheet 对象。

我：可以使用 GetObject 方法，这样就能够得到 WorkBook 对象：

```
Set xlsWorkbook = GetObect("C:\Test\MyXLS.xls")
```

Andrew：如果我不知道该 Excel 文档的路径怎么办？

我：那我可能会使用 Excel.Application，代码如下：

```
Set xlsApp = GetIbject(,"Excel.Application")
Set xlsWorkBook = xlsApp.ActiveWorkbook
```

Andrew：这里的 GetObject 如何正常工作？

我：我不太清楚内部的工作原理，但是我了解一些基本原理。应用程序通过 ROT（Running Object Table）进行注册。一旦一个应用程序通过 ROT 完成注册，任何 COM 应用程序便能够通过 GetObject 方法加上指定文本的参数来得到相应的对象。

Andrew：CreateObject 和 GetObject 有什么区别？

我：CreateObject 能够创建一个对象的实例，而 GetObject 是获得一个对象的实例。

Andrew：如果你打开了两个 Excel 文件，然后使用了 GetObject，那么获得的 Excel 对象实例是哪一个？

我：据我所知，此时使用 GetObject 获得的对象实例是随机的，我们无法控制。

Note：GetObject 返回了第一个启动的 Excel 对象实例，而不是不可控的随机实例。

Andrew：你如何获悉当前使用 GetObject 能够获取的对象数量。

我：Windows 使用 Running Object Table（ROT）来存储所有被 GetObject 支持的对象。这些对象必须在 ROT 注册。

Andrew：如果我希望通过使用 CreateObject 来启动 IE，我该怎么做？

我：我会应用 IE 的 COM 类名来实例化对象，并且设置 Visible 属性为 True：

```
Set oIE = CreateObject("InternetExplorer.Application")
oIE.visible = True
```

Andrew：好的，如果我在代码最后加上一句'Set oIE = Nothing'，然后再运行一次，当脚本运行完毕，会发生什么情况？

我：看不到任何变化，IE 窗口仍然会是开启状态。该语句表示 IE 对象的引用被释放了。

Andrew：如果我只有一个对象并且是一个引用的对象实例，如果这个实例被设置为 Nothing，对象不会被销毁吗？

我：COM 对象有两种运行模式：进程内（in-process）和进程外（out-process）。进程内 COM 对象会在创建时加载进进程内，而进程外对象则是在进程域外运行。所有的进程内对象会在引用计数为 0 时被销毁或者当应用程序被关闭时被销毁。但是，进程外对象可以控制它本身的销毁时间，甚至在引用的进程关闭后，进程外对象还能够存在。Excel, Outlook, Word - 所有这些应用程序都属于进程外模式，如果要关闭这些应用程序，需要确保调用了主程序对象的 Quit 方法。

Andrew：CreateObject 和 SystemUtil.Run 方法哪一种更好？

我：我个人更喜欢使用 SystemUtil.Run。不是所有的应用程序都支持 CreateObject 方法。

Andrew：能够使用 CreateObject 去启动 Firefox 浏览器吗？

```
Set oFF = CreateObject("Firefox.Applicaiton")
oFF.Visible = True
```

我：不能。因为 Firefox 不支持 COM。CreateObject 只支持使用 COM 架构创建的应用程序。我们无法对所有应用程序都使用 CreateObject 方法。

Andrew：什么是 COM？

我：COM 是一个组件对象模型（Component Object Model）。COM 是遵循 COM 规范编写的，并且能够被支持 COM 的任何语言所调用。大多数提供脚本语言或者自动化功能的应用程序都会使用 COM，如 Office, Outlook, Excel, Internet Explorer 浏览器等，这些应用程序通过 COM 对象暴露给用户一系列内部接口以及函数集供调用。

Andrew：什么是 DCOM？

我：DCOM 就是分布式 COM，用于网络环境的 COM 组件。

Andrew：还有什么补充吗？

我：我从没参与过 DCOM 编程项目，所以我只知道这些了。

Andrew：你如何获悉一个应用程序是否支持 CreateObject？或者说，如何获悉一个应用程序是否支持 COM 组件？

我：我认为最快捷的方式还是查看用户手册，来确认应用程序是否提供了 COM 组件接口。

Andrew：CreateObject 的内部工作原理是什么？

我：应用 CreateObject，需要 COM 组件给定的 ProgID，然后 COM 内部便会调用 Win32 COM API 来创建对象。但是，我不太清楚具体这些 API 是哪些？

Note：应用 CreateObject 需要 COM 组件给定的 ProgID。

然后，COM 组件内部会根据这个 ProgID 寻找在 HKEY_CLASSES_ROOT 对应注册过的键值。

如果键值不存在，CreateObject 方法会抛出一个错误，如果存在，则对应的 CLSID 会被捕获到。

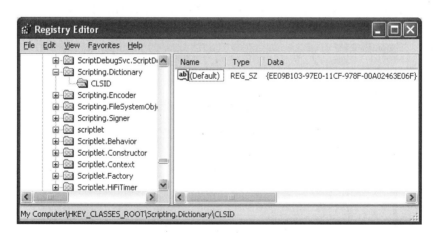

```
Set oDic = CreateObject("Scripting.Dictionary")
```
ProID "Scripting.Dictionary" 对应的 CLSID 是
（EE09B103-97E0-11CF-978F-00A02463E06F）。

一旦 CLSID 被获取到，CreateObjecth 就会继续在 HKEY_CLASSES_ROOT\CLSID 寻找相应的 InprocServer32 值。

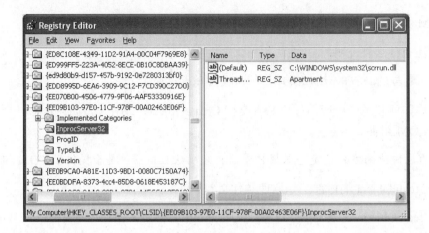

InprocServer32 键值给定了提供 COM 服务的 DLL 或者 EXE 文件的位置信息,然后对象就会使用 Windows API 完成实例化操作。

Andrew:你如何获悉一个 COM 对象支持哪些方法?

我:据我所知,有以下几种方式来获悉一个 COM 对象所支持的方法:

- 查看该 COM 组件的相关参考文档。

- 可以使用类似 OLE COM Object Viewer 的工具查看组件支持的接口或者类信息。

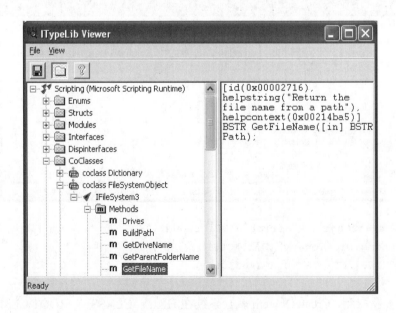

- 可以使用类似 Office Products Macro Editor,VB6,Visual Studio.NET 等的开发工具,然后

引用 COM 组件。这样，该组件支持的方法便会在 object browser 中列出来。

Andrew：在 UFT 中如何进行错误处理？

我：一般有 4 种方式进行错误处理。

- 可以在 UFT 的 Test Setting 里设置当一个错误出现时的处理方式。

- 还可以使用'On Error Resume Next'语句进行错误处理。

- 还能使用场景恢复（Recovery Scenarios）。

- 如果一个错误在代码中可能出现的位置是已知的，我们还能够应用判断语句来截获错误信息进行错误处理。

Andrew：Test Setting 设置中提供哪些错误处理方式？

我：Test Setting 设置中提供的错误处理方式有'raise the error'，'skip to the next step'，'Exit the Aciton iteration'，'stop the test run'。

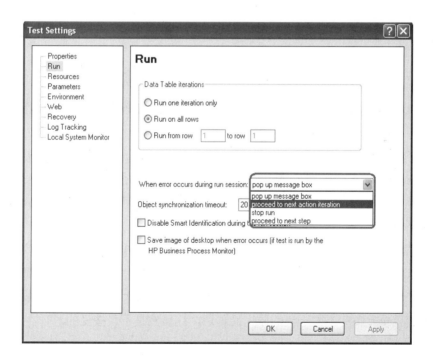

Andrew：On Error Resume Next 语句的意思是什么？

我：如果代码中使用了 On Error Resume Next 语句，一旦执行过程中遇到错误，那么该错误不会被立即抛出，程序会继续执行下一条语句，保留对象 Err 会详细记录出错信息。我们可以使用写代码检查错误信息或者记录错误信息。

```
On Error Resume Next
x=2/0
Msgbox Err.Description
```

Andrew： 如何使 On Error Resume Next 语句失效？

我： 可以使用 On Error Goto 0 语句。该语句会使 On Error Resume Next 语句失效。

Andrew： 如果我希望在 20 行代码中出错，余下的代码都不执行，我该怎么做？

我： 我认为最好的解决方案就是将这 20 行代码都置于一个函数里，应用 On Error Resume Next 语句，然后调用该函数，因为我们没有在函数中应用 On Error Resume Next 语句，所以一旦函数中的语句执行出错，余下的代码就都不会执行。

```
On Error Resume Next
Call MyFunction
If err.Number then
    Msgbox "Error - " & Err.Description
End if
On Error Goto 0
```

Andrew： 这么看来，On Error Resume Next 语句似乎能大大增强代码的容错能力，我们是否能在所有的脚本中都加入这条语句？

我： 恐怕不行，原因之一是，有时我们需要在代码里当错误发生的时候获悉错误信息（'Err.Description'）以及数目（'Err.Number'）。如果滥用 On Error Resume Next 语句，就会使得我们无法定位到具体的出错语句，导致不便于调试。在某些情况下，使用 Try-Catch-Finally 语句会是更好的选择。

另一个不能滥用 On Error Resume Next 语句的原因是，该语句可能会屏蔽一些不在我们预期内的错误，这样便会导致不可控的隐藏缺陷。

还有一个很大的原因是，如果在一个 if Else 语句或者其他循环语句中，On Error Resume Next 可能会导致代码执行顺序不同于我们原先的预期，这显然是不可接受的。

Andrew： 能不能就你刚才说的最后一点举例具体说明一下？

我： 没问题，代码如下：

```
On Error Resume Next
x = 0
```

```
If x=1/x Then
     Reporter.ReportEvent micPass, "The test has passed", "Passed"
Else
     Reporter.ReportEvent micFail, "The test has failed", 'Failed'
End If
On Error Goto 0
```

运行以上这段代码就会发现，测试总为 pass，而我们的预期此脚本一定会执行失败，因为 x 为 0，而除数不能为 0，于是 If x=1/x Then 语句出错，Reporter.ReportEvent micPass, "The test has passed", "Passed"被执行，结果为 pass。

Andrew：该如何修复这个问题呢？

我：一种方法是首先判断错误的分支，而不是正确的分支。可以修改代码如下：

```
On Error Resume Next
x = 0
If x<>1/x Then
     Reporter.ReportEvent micFail, "The test has failed", 'Failed'
Else
     Reporter.ReportEvent micPass, "The test has passed", "Passed"
End If
On Error Goto 0
```

这样，一旦错误出现，micFail 语句就会被执行，与预期相符。

另一种解决方案是将代码全部移入一个函数内，然后再调用这个函数。

Andrew：能否举例说明？

我：好的，假设我们在代码中打开一个文本文件，然后此文本文件并不存在，如果我们没有进行错误处理，那么脚本运行会报错，代码如下：

```
Set FSO = CreateObject("Scripting.FileSystemObject")
Set oFile = FSO.OpenTextFile("C:\FileNotExist.txt")
sContent = FSO.ReadAll
oFile.Close
Set oFile = Nothing
Set FSO = Nothing
```

加入了错误处理后的代码如下：

```
Set FSO = CreateObject("Scripting.FileSystemObject")
On Error Resume Next
Err.clear
Set oFile = FSO.OpenTextFile("C:\FileNotExist.txt")
If Err.Number = 53 Then
    Reporter.ReportEvent micFail, "File not Found", "Failed to find the file
 = C:\FileNotExist.txt"
    ExitRun
End If
On Error Goto 0
sContent = FSO.ReadAll
oFile.Close
Set oFile = Nothing
Set FSO = Nothing
```

Andrew：什么是场景恢复（Recovery Scenario）？

我：场景恢复是一个 UFT 的特性。该特性允许对不期望的脚本进行错误处理，从而不影响后续脚本执行。场景恢复主要由 3 个部分组成：时间触发器，恢复行为以及恢复后行为。

触发器可能由以下 4 类事件触发：

- 对象状态；

- 弹出窗口；

- 应用程序异常崩溃；

- 测试执行错误。

恢复行为可能是以下 4 种之一：

- 鼠标或者键盘操作；

- 函数调用；

- 关闭应用程序进程；

- 重启 Windows 操作系统。

恢复后行为也可以有以下多种选择：

- 重启当前测试运行；

- 继续搅拌下一步；

- 继续下一个 Action 迭代（iteration）；

- 继续下一个测试迭代；

- 停止当前测试运行；

- 重复当前步骤并继续。

Andrew：假设我的脚本中出现了一个如下图所示的错误框，这是一个 UFT 的基本错误对话窗口，我该如何应用场景恢复进行处理？

我：一般来说，场景恢复在 options 中有 3 种配置：

- On every step；

- When error occurs；

- Never。

就该情况而言，即使开启了场景恢复中的 On every step，此错误窗口也无法导致场景恢复被激活，因为 UFT 在激活场景恢复时仅仅支持包含测试对象的语句，任何 VBScript 脚本错误将不会被场景恢复处理。

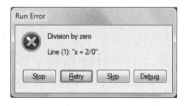

Andrew：场景恢复和'On Error Resume Next'有什么不同？

我：如果我们知道错误可能发生的位置以及类型，那么应用'On Error Resume Next'十分合适。举例说明，如果我们进行一次文件打开操作，那么有两种可能的错误会发生：一是文件不存在；二是文本被占用，拒绝访问。那么，我们便可以使用'On Error Resume Next'语句进行错误处理，在恰当的位置对 Err.Number 进行判断，根据错误类型做下一步操作。

如果错误是不可预期的，那么我更推荐使用场景恢复。举例说明，当我们进行一系列的 Web 页面切换操作，有时可能会弹出一个安全信息网页。这里使用场景恢复更加恰当。

Andrew：现在假设我登录一个 Web 网页，弹出一个安全认证提示框，这只在跳转到该页面时才会弹出。因此，错误出现的位置和类型可以说是已知的，然后，一旦我输入的用户名不存在或者密码不正确，同样会弹出一个错误框。显然，此处错误出现的位置和类型也是已知的，那么按照你刚才的说法，你会使用场景恢吗？

我：两种方法均可以使用，不过我个人建议，第一处使用场景恢复，第二处则在代码中使用条件语句。

Andrew：有什么特别的理由吗？

我：我认为脚本应该专注于处理应用程序进行交互，而不是处理环境配置问题。用户名输入错误或者密码输入错误属于应用程序相关操作，因此我更建议在代码中对其进行处理。

Andrew：如果我想在指定位置触发场景恢复，而不是等待错误出现自动触发，我该怎么做？

我：可以在代码中使用'Recovery.Activate'语句在任意位置触发场景恢复。

Andrew：请看以下代码：

```
On Error Resume Next
Window("hwd:=0").Click
Print "Recovery Scenario not fired"
On Error Goto 0
```

现在，我设置了一个场景恢复，触发器设置为 any error，恢复行为为调用函数（打印输出'Recovery Scenario fired'字符串），恢复后行为为停止当前测试运行。那么，运行该脚本后会发生什么情况，我会得到什么输出？

我：（嗯……这个问题似乎有些棘手……On Error Resume Next 语句会屏蔽任何错误，没有错误产生就意味着没有场景恢复。但是，假设同时使用 On Error Resume Next 语句和场景恢复本身就会产生一个错误呢？是不是场景恢复行为就会被执行？……）

坦率说，我以前没有遇到过这样的情况，所以我不太清楚正确的结论。我只能说，根据我的经验，On Error Resume Next 语句会屏蔽任何错误，那么场景恢复就不会被执行。

Note：场景恢复会被触发，即使代码中使用了 On Error Resume Next 语句。

Andrew：场景恢复有什么使用限制？

我：我了解的使用限制如下。

- 场景恢复与脚本运行在同一个线程中，如果脚本执行中阻塞了线程，那么场景恢复不会被触发。

- UFT 在激活场景恢复时仅仅支持包含测试对象的语句，任何 VBScript 脚本错误将不会被场景恢复处理。如'X=2/0'语句，场景恢复不会被触发。

- 我们无法在运行时加入场景恢复。

- 无法通过 APIs 查看场景恢复的具体设置。

Andrew：你之前提到自动化对象模型（Automation Object Model，AOM），能否详细说明一下？

我：UFT 自动化对象模型，英文缩写为 AOM，指基于 COM 组件的动态链接库，通过不同的接口暴露给 UFT 许多函数集。

我们可以应用 UFT 的自动化对象模型自动完成诸多任务，如打开一个 Test，运行一个 Test，定位测试结果文件位置，配置脚本选项等。我们不必在 UFT 中编写代码，而是通过 VBScript 或者其他被支持的语言在 Windows 环境调用 AOM。

Andrew：现在我需要执行一个 DOS 命令，如 IPCONFIG 命令，我如何在 UFT 中使用脚本执行此命令并获取到结果呢？

我：有好几种方法实现此需求。一种方法是在 Wsript 的 Exec 方法提供的 StdOut 对象，这样我们就可以读取到命令的输出，但是此方法对于一些类似 FTP 的命令行会失效。

另一种方法是把所有的 output 内容使用重定向方式转移到一个文件中，如：ipconfig>c:\ip.txt，这样 DOS 就会把所有的输出结果全部复制到 ip.txt 文件中。

Andrew：在 UFT 里你会如何实现此需求？

我：我会使用 SystemUtil 对象，完整的语句如下：

```
SystemUtil.Run "cmd" , "/C ipconfig >C:\ip.txt"
```

使用 WSCript.Shell 同样能够实现此需求。

```
CreateObject("WSCript.Shell").Run("cmd /C ipconfig >c: \ip.txt")
```

Andrew：还有其他执行 DOS 命令的方法吗？

我：有，另一种方法是，首先启动 MS-DOS 命令窗口，然后调用'Window.Type'方法发送指令到已打开的窗口，最后使用 GetVisibleText 方法获取命令行输出内容。GetVisibleText 方法有时并不可靠，它只能获取屏幕上可见的显示文字。如果命令行输出文字超过了屏幕尺寸，那么 GetVisibleText 只会获取到可见部分。也就是说，我们只能获得部分输出内容。

Andrew：如何执行 UNIX 命令？

我：UFT 并不原生支持 UNIX 命令。所以，我们需要引入第三方工具远程登录至 UNIX 系统机器，然后通过 UFT 调用第三方工具（目前比较常用的是 UFT.Putty 套件）完成自动化测试。

Andrew：数据表（DataTable）是什么？

我：数据表提供了一种创建数据驱动测试用例的方法，类似于 Excel 表格，能够多次循环执行一个操作模块（Action）。每一个操作模块都有一个私有的数据表，称作本地数据表（Local DataTable），而每一个测试用例都有一个全局数据表（Global DataTable）。

如果要设置 Action 迭代，可以在关键字视图下右键 Action call，然后进行设置。

Andrew：如何在数据表配置迭代？

我：可以有两种方式配置迭代：调用 Test 以及 Action。如果要设置 Test 迭代，首先需要选中 Test->Settings 菜单，然后在 run 标签下设置迭代。有 "run on first row" "run on all rows" "run from row X to Y" 3 种选项。

Andrew：你一般如何从数据表里找到需要的数据？

我：QTP 并没有提供在 DataTable 中进行查找的方法。据我所知，唯一的方法就是一行一行循环读取进行匹配比较。有一个常用的从指定行获取数据的方法，即 ValueByRow。

Andrew：如何从数据表（DataTable）里删除数据行？

我：在编辑状态下，我们可以右键单击某行并选择删除选项。但是运行时，我们显然无法这样操作。有一种解决方案，就是写代码完成表导出，并通过 Excel COM API 打开该表，然后删除需要删除的数据行，最后再导入 DataTable。不过，这并不是一个好方法。

Andrew：你能够在测试过程中间隔地导出数据表吗？

我：你只指时间间隔，还是迭代导数据间隔？

Andrew：你可以都回答一下。

我：好的，可以创建一个函数供我们调用。该函数包含一个持续增加的计数器。一旦该计数器到达指定间隔时间，便导出 Data Table。

```
Dim iCounter: iCounter = 0
Function ExportTableOnInterval(ByVal Interval)
    iCounter = iCounter + 1
    If iCounter > Interval Then
        iCounter = 0
        DataTable.Export "C:\DataTableDump.xls"
    End if
End Function
```

Andrew：一般在什么情况下，你会选择导出数据表？

我：有一种情况，我认为很有必要定时导出数据表，那就是 Test 需要长时间运行，并且产生了大量的数据表信息。此时如果系统奔溃，则会导致比较大的损失，为了尽量减少损失，需要定时地导出数据。

Andrew：我们能够将 UFT 脚本存储为一个独立的文件吗？

我：UFT 支持将 Test 导出为 zip 压缩格式文件，然而只有在 UFT 中通过导入选项，才能识别该特定类型独立文件。

Andrew：如何在指定时间创建一个测试执行？

我：一般情况下，我们使用 QC 的计划任务功能。在 Testlab 的 test flow 界面可以为一个 test 添加一个设置具体时间的条件，但是这里需要初始化这个 test，并保持 QC 在运行过程中，QC 无法自行初始化。

另一种方式是创建一个 vbs 文件，通过使用 UFT AOM 的接口来执行测试，使用 Windows 自带的任务管理来启动，脚本如下：

```
Dim qtApp 'As QuickTest.Application
 ' Declare the Application object
 variable
 Dim qtTest
 'As QuickTest.Test ' Declare a Test Object variable
 Dim qtResultsOpt
 'As QuickTest.RunResultsOptions
 ' Declare a Run Results Options object variable
 Set qtApp = CreateObject("QuickTest.Application")
 ' Create the Application object
 qtApp.Launch ' Start QuickTest
 qtApp.Visible = True
 ' Make the QuickTest application visible
 ' Set QuickTest run options
 qtApp.Options.Run.ImageCaptureForTestResults = "OnError"
 qtApp.Options.Run.RunMode = "Fast"
 qtApp.Options.Run.ViewResults = False
 qtApp.Open "C:\Tests\Test1", True
 ' Open the test in read-only mode
 ' set run settings for the test
 Set qtTest = qtApp.Test
 qtTest.Settings.Run.OnError = "NextStep"
 ' Instruct QuickTest to perform next step when-
```

```
   error occurs
Set qtResultsOpt =
CreateObject("QuickTest.RunResultsOptions")
   'Create the Run Results Options object
   qtResultsOpt.ResultsLocation = "C:\Tests\Test1\Res1"
   ' Set the results location
   qtTest.Run qtResultsOpt ' Run the test
   MsgBox qtTest.LastRunResults.Status
   ' Check the results of the test run
   qtTest.Close ' Close the test
   Set qtResultsOpt = Nothing
   ' Release the Run Results Options object
   Set qtTest = Nothing ' Release the Test Object
   Set qtApp = Nothing ' Release the Application object
```

我们可以通过从外部文件读取脚本名或者脚本路径传入以上脚本，从而更自由、更灵活地根据我们的需求定制驱动脚本，一旦驱动脚本准备，我们即可在 Windows 的计划任务里创建一个任务，通过控制面板→计划任务→添加计划任务。

到了向导页面，直接单击"浏览"按钮，并从目录<Windows>\system32 下选择 wscirpt 文件，一旦任务被创建，即可右键单击任务打开属性。

在 Run（运行）对应的文本框内输入文件路径。

任务一旦准备好后，就可以通过单击右键选择运行选项了：

Andrew：如何一次性执行多个测试脚本？

我：可以在同一台机器上一个接一个地执行测试脚本，此处我们可以使用 UFT 的 AOM 接口循环创建一个脚本，打开脚本，运行，生成结果一直到下一个测试脚本重复这样的操作。

Andrew：如何在远程机器上运行测试脚本？

我：其实过程与本地运行测试脚本差不多，唯一不同的是，在使用 CreateObject 函数时需要加上一个远程机器的 IP 作为参数。

```
Set UFT = CreateObject("QuickTest.Application", "RemoteIP")
```

Andrew：什么是自动化测试框架？

我：（hmm.. 一波基于框架的问题来袭，来吧，终于撞枪口上了）

其实目前市面上有关自动化测试框架的定义并不多，所以我会尽力从我理解的角度来阐述框架的定义。我理解的框架其实就是一套规则，向导，标准。根据我个人的经验，不同的人对框架的理解都会不同，我认为这是因为每个人的工作环境不同，因此也有了不同的自动化目标，这也直接导致这样的结果。

Andrew：为什么需要自动化测试框架？

我：每个自动化测试工程师都会有自己的编码风格，因此如果没有一个框架作为限制和引导，那么经过各位测试工程师的脚本开发后，我们会需要花费很长的时间来维护脚本的差异，而这种差距在后期会是灾难性的。因此，缺乏自动化测试框架以及缺乏合理设计的测试框架往往会导致自动化测试项目失败。

Andrew：自动化测试框架有哪几种？

我：通常会有 3 种不同类型的框架，如数据驱动、关键字驱动、混合驱动框架。

Andrew：什么是模块框架，功能拆分，基于 Action 的框架，有没有听说过呢？

我：我基本上都用过，但是这些都是以上 3 个框架的子集。

Andrew：请尽可能地介绍一下这 3 个框架？

我：先从数据驱动开始。在数据驱动框架中，我们往往把重要的应用数据作为一个关键的角色，并以数据来驱动整个测试脚本，这类框架对于流程不变而只变更数据的测试业务来说是非常实用的。举一个最简单的例子：一个计算机应用，它会计算我们需要的表达式并得出我们想要的结果，此处我们会有很多行的数据，把每行的数据平凑成我们所需要的业务逻辑并计算出来最终在结果报告中显示我们想要的结果。

在关键字驱动框架里，关键字也是作为一个关键的角色，通过关键字的拼装来构成不同的测试流程，通常有两类这样的框架，即通用类关键字驱动和基于被测应用的关键字驱动，其中通用类框架适用于不同种类的应用，而应用类关键字驱动仅适合自动化指定类型应用，一旦跳出这个范围，就没有用武之地了。

另外，通用类驱动框架一般都会包含一些最基本、最普通的操作，例如：

```
Open "IE"
Open "www.google.com"
Enter "q", "Test This"
Click "Google search"
```

以上脚本使用的都是一些非常通用化的关键字，看起来更像是一类 Action，它的好处很明显，你可以通过开发相应的脚本来让其支持各种不同的测试工具。

还有一种关键字驱动框架是基于被测应用的关键字驱动框架，此类框架的所有关键字都与被测应用相关。例如：

```
BANK_Launch
BANK_Login "user", "Password"
BANK_MakeTransaction "FromAccount", "ToAccount", "Amount"
```

```
BANK_VerifyLastTransaction "FromAccount"
BANK_Logout
```

上面的脚本，这些关键字都是用于被测应用并且为了被测应用实现了某些行为，一旦所有的关键字和它们的输入与输出参数更新后，你就可以很轻松地去重用这些关键字，这些关键提供的都是相对抽象的用户行为，并且你无需了解内部如何工作以及如何实现，这是此类框架的优势。

对于你刚才提到的功能拆分与基于 Action 的框架，这类框架其实是基于函数式和 Action 式作为单位进行实现，其本质其实也是关键字驱动，因此应该算是关键字驱动的子集。

Andrew：在关键字驱动框架中，关键字意味着什么？

我：关键字其实就是一个名字，其内部会关联一些业务行为，或某些操作，或某些对象。

Andrew：什么是混合框架？

我：当我们将数据驱动与关键字驱动这两大框架整合在一块时，即我们通常所说的混合式框架。大多数框架最终还是会慢慢发展到混合框架，例如，在关键字驱动框架上考虑使用关键字来驱动应用指定行为，而此时如果有一个需求说，我们需要保持业务关键字不变，但是需要从数据源中不断地抽离出一些不同的数据来执行测试用例。此时你的关键字驱动框架自然而然就变成混合驱动框架了。

Andrew：我有点疑惑，为什么你说模块，功能拆分、类库驱动以及基于行为驱动的框架是数据驱动、关键字驱动以及混合驱动框架的子集？

我：我这么说是因为无论我创建的是什么类型的框架，事实上它们都是基于数据驱动、关键字驱动、混合驱动框架这三者之上的。比如，当我考虑需要写一个基于 Action 驱动的框架，其实每个 action 都可以看作是一个关键字，且当我们按照某种顺序调用这些 action 时，它就彻头彻尾地变成了关键字驱动框架。

Andrew：同意，对于功能拆分与函数驱动结构，你有什么看法？

我：两者其实可以看作是一个概念，如果这类框架调用了外部数据源提供的数据，那么最终我们称此框架为数据驱动框架。

但是，如果此框架的函数可以通过相对简单的脚本来创建，比如一个 login 函数包含了 login 关键字且带有 username 和 password 两个参数，而另一个函数则负责开启添加物品到购物车。又或者说，一个功能可以开启记录日志功能。

```
Login MyUser, MyPassword
AddItemToCart Array("Book", "Candy")
```

Logout

对于这类情况，我们更多地会考虑使用关键字驱动方式来代替类库驱动方式，如果再加入数据源的支持，那么就为混合结构框架，而非功能拆分结构。

Andrew：为什么 UFT 被称为高级关键字驱动测试工具？

我：这是由于 UFT 包含了一个关键字视图，且其包含了所有关键字对象与操作，虽然以我个人观点，我感觉 UFT 不应该命名为关键字驱动工具，如果 UFT 只是一个纯关键字驱动工具的话，将会给我们带来许多功能上的限制。

Andrew：你听说过对象库框架吗？

我：我已经听说许多根本不存在的古怪命名，但是不管怎样，这些名字还是经常被人们提到，这是因为太多的文档提到这些类似的名称，但其实我认为，严格来说对象库只是一个单纯的存储测试对象的库，无法真正做到引导自动化测试。

Andrew：我们已经讨论了那么多类型的框架，那么如何才能真正开发一个自动化测试框架。

我：框架比一些单纯的定义复杂许多，原因是我们目前定义的框架仅仅是与执行模块相关，而并没有讨论到框架的一些关键部分。下面列出一些我认为对于设计框架来说比较关键的因素：

- 结果报告；
- 测试执行；
- 打包执行；
- 测试数据管理与维护；
- 脚本维护过程；
- 对象库维护；
- 命名规则与标准；
- 对被测应用不同版本的支持；
- 评估标准与过程；
- 错误处理与异常捕获；
- 可用性；
- 版本控制；

- 简单上手；

- 文本支持；

- 日志与调试。

Andrew：能否详细说明一下你框架中的日志与调试这部分？

我：对于日志这部分，我们开发了指定的日志类库，脚本如下：

```
Function MyTest(ParamA, ParamB)
    Dim OC
    Set OC = Log.EnterFunction("MyTest", _
        Array("ParamA", ParamA, "ParamB", ParamB))
    'Function code
End Function
```

此处的 EnterFunction 方法位于 log 类下，并且标记了所有的函数名以及它的参数，然后写入到一个 debug 的文本文件中，我们通过把各种参数名与对应的参数值分别放入数组中，并让函数返回一个对象，此对象会存储在一个 OC 的本地变量中，这样做对于我们捕获函数的退出是很有帮助的。

```
Function Repeat(sText, iCount)
    Dim i
    For i = 1 To iCount
      Repeat = Repeat + sText
    Next
End Function
'Class to define a function call
Class FunctionCall
  'The name of the function
  Dim FunctionName
  'Array of parameters. Name and value pair
  Dim Parameters
  'Time of the call
  Dim CallTime
  Sub Class_Initialize()
      CallTime = Now()
  End Sub
  Function GetCallDetails()
    Dim s_Call, s_Params
```

```
    'Check if parameter is an object
    If IsObject(Parameters) Then
        s_Params = "[object:" & TypeName(Parameters) & "]"
    ElseIf Not IsArray(Parameters) Then
        'If not an array convert it to a string
        s_Params = CStr(Parameters)
    Else
        'We assume the parameters are key value pairs
        'Make sure we have an even number of elements in array
        If (UBound(Parameters) - LBound(Parameters) + 1) Mod 2 = 0 Then
            Dim j
            s_Params = ""
            For j = LBound(Parameters) To UBound(Parameters) Step 2
                s_Params = s_Params & Parameters(j) & ":="
                'Check if the value of the parameter is a object
                If IsObject(Parameters(j + 1)) Then
                    s_Params = s_Params & "[object:" & TypeName(Parameters(j
                        + 1)) & "] ,"
                Else
                    s_Params = s_Params & GetArrayText(Parameters(j + 1)) &
                " ,"
                End If
            Next
        Else
            s_Params = "[Error key value pair not specified]"
        End If
        If Right(s_Params, 1) = "," Then
            s_Params = Left(s_Params, Len(s_Params) -1)
        End If
    End If
    s_Call = FunctionName & " (" & s_Params & ")"
    GetCallDetails = s_Call
End Function

Private Function GetArrayText(ByVal Arr)
    On Error Resume Next
    Err.clear
    If IsArray(Arr) Then
        Dim newArr
```

```
        newArr = Arr
        Dim i
        For i = LBound(newArr) to UBound(newArr)
            if IsObject(newArr(i)) Then
              newArr(i) = ""
            Else
              newArr(i) = CStr(newArr(i))
            End if
        Next
        GetArrayText = "Array(""" & Join(newArr, """,""") & ")"
      Else
        GetArrayText = Arr
      End if
      If Err.number Then
        GetArrayText  = ""
      End If
    End Function
End Class
'Function to get new instance of the function call
Function NewFunctionCall()
    Set NewFunctionCall = New FunctionCall
End Function
'Class to get a callback executed. We need to set the two
'members
'Caller - The object which needs the callback
'CallbackCode - Code to be executed for callback
Class Callback
    Public Caller
    Public CallBackCode
    Sub Class_Terminate()
      Execute CallBackCode
    End Sub
End Class
'Function get a new call object
Function NewCallback()
    Set NewCallback = New Callback
End Function
Dim DEBUG_LOG
DEBUG_LOG = True
```

```
'Class logger allows logging function calls and entering log text
'in between
Class Logger
  'Dictionary to maintain current stack trace
  Private oStackTrace
  Private sLog
  'Class initialization
  Sub Class_Initialize()
    Set oStackTrace = CreateObject("Scripting.Dictionary")
    sLog = ""
  End Sub
  Function SaveDebugLog()
  If DEBUG_LOG and sLog<> "" Then
      Dim FSO, sFile, debugFile
      Set FSO = CreateObject("Scripting.FileSystemObject")
      sFile = "Debug_" & Replace(Replace(Replace(Now(), ":", "_"),
"/", "_"), " ", "_") & ".txt"
      Set debugFile = FSO.CreateTextFile(Reporter.ReportPath & "\Re-port\" &
sFile, True)
      debugFile.Write sLog
      debugFile.Close
      Set debugFile = Nothing
      Set FSO = Nothing
      sLog = ""
  End If
  End Function
  'Class termination
  Sub Class_Terminate()
    SaveDebugLog
    Set oStackTrace = Nothing
  End Sub
  'Private functions to Push and Pop function calls
  Private Function Push(oFunctionCall)
    sLog = sLog + "[" & oFunctionCall.CallTime & "] " & _
      Repeat(" | -", (oStackTrace.Count) * 2) & _
      " Start Function - " & oFunctionCall.GetCallDetails _
      & vbNewLine
    Set oStackTrace(oStackTrace.Count + 1) = oFunctionCall
  End Function
```

```
Sub Write(ByVal sText)
   sLog = sLog & "[" & Now() & "] " _
       & Repeat(" | -", (oStackTrace.Count)) _
       & vbTab & sText & vbNewLine
End Sub
'Private function to pop and log the end of last function call
 Private Sub Pop()
    Dim oLastCall
    'Get the details about last function call
    Set oLastCall = oStackTrace(oStackTrace.Count)
    'Remove the last function from the stack
    oStackTrace.Remove oStackTrace.Count
   'Append the end of function to log
    sLog = sLog + "[" & oLastCall.CallTime & "] " _
        & Repeat(" | -", (oStackTrace.Count) * 2) _
        & " End Function - " & oLastCall.GetCallDetails _
        & vbNewLine
    Set oLastCall = Nothing
 End Sub
 'Function to pop the last function call
 Sub LeaveFunction()
    Call Pop
 End Sub
 'Method to be called when entering the function
 'FunctionName - Name of the function being called
 'Parameters - Array of key value pair
 Function EnterFunction(FunctionName, Parameters)
    'Create a new function call with given function name
    'and parameters
    Dim oFuncCall
    Set oFuncCall = NewFunctionCall
    oFuncCall.FunctionName = FunctionName
    oFuncCall.Parameters = Parameters
    'Push the function call on to the stack
    Push oFuncCall
    'Create a new callback
    Set EnterFunction = New CallBack
    'Set the caller as current object
    Set EnterFunction.Caller = Me
```

```vbscript
    'Set the callbackcode to execute leave function
    EnterFunction.CallBackCode = "Caller.LeaveFunction"
  End Function


  Function Report()
    Set Report = New CallBack
    Set Report.Caller = Me
    Report.CallBackCode = "Caller.SaveDebugLog"
  End Function


  Function GetLog()
    GetLog = sLog
  End Function


  Function PrintLog()
    Print "- - - - - - - - - - - - - START LOG - - - - - - - - - - -
- - - - - - - -"
    Print GetLog()
    Print "- - - - - - - - - - - - - - END LOG - - - - - - - - - - -
- - - - - - - -"
  End Function
  'Function to get the current stack trace4
  Function GetStackTrace()
    Dim i
    Dim s_TraceLog, s_CurrentFunction
    s_TraceLog = ""
    For i = 1 To oStackTrace.Count
        s_TraceLog = s_TraceLog & "[" & oStackTrace(i).CallTime & "]
 -" & String((i -1) * 2, "-")
        s_TraceLog = s_TraceLog & oStackTrace(i).GetCallDetails() &
  vbNewLine
    Next
      GetStackTrace = s_TraceLog
    End Function
  'Function to print the stack trace
  Sub PrintStackTrace()
    Print "- START STACK TRACE -"
    Print GetStackTrace()
    Print "- END STACK TRACE -"
```

```
    End Sub
End Class
Dim Log
Set Log = New Logger
```

Andrew：你是如何做版本控制的？

我：我们所有的项目都放置在 QC 中，但是我们并没有直接打开 QC 自带的版本控制，通常我们会把所有的函数、环境变量以及数据文件放置在 VSS 中进行管理，每天下班时，我们会从 VSS 中找出所有的文件到本地，并且运行一个脚本将本地内容与 QC 上的内容做同步处理。

Andrew：在你们的自动化测试编码过程中，有没有命名规则和代码规范？

我：我们定义了如何声明变量方式，针对不同类型的数据类型，会有相应的前缀定义。举个例子：当需要定义一个 int 类型的变量，就会加上 i 作为前缀，若是一个 object 对象，则会加上 o 作为前缀，若是 long 类型，则使用 l 作为前缀，若是 String 类型，则使用 s 作为前缀。

同样，对于环境变量，我们会以 ENV_作为前缀，对于通用函数来说，我们会以 GEN_作为前缀。框架相关的函数通常使用 FRM_作为前缀，应用相关的函数则使用 APP_作为前缀，等等。为此，我们定义了一整套文档来解释这部分内容。

Andrew：说一下批量执行这部分内容吧，你通常是如何实现的？

我：在大多数项目中，我们都使用 QC TestSets 来驱动整个测试执行。我们会基于我们的喜好过滤出相应的测试，并通过一个 batch 来批量运行。

大多数 test 中没有驱动脚本。

但是，有一个项目我们仅采用了本地机器来运行，我们通过 excel 的宏开发了一个可以添加脚本名以及显示脚本路径的小程序，你可以通过单击选择多个测试脚本并单击 run 运行所有脚本。它还有一个特殊的附加功能，可以指定远程机器来执行脚本，且每一分钟会返回一次查询所有运行中脚本的状态，这些状态包括任何被记录下来的错误信息并最终显示在 excel 文件中。

Andrew：什么是 Driver 脚本？

我：Driver 脚本是一个可以驱动整个测试脚本集的脚本，通常取决于框架设计。驱动脚本通常需要实现不同的任务，最简单的驱动脚本就是打开脚本并执行，负责的驱动脚本可能会有许多任务，如添加场景恢复、对象库、函数库、数据还原、测试数据安装、更新结果到数据库、QC、Excel 等。

换句话说，一个驱动脚本还可以被定义为一个可以通过各种方式来执行测试的控制引擎，会考虑所有组建以及框架层的所有实现。

Andrew：hmm，能说一下什么是 BPT 吗？

我：BPT 全称 Business Process Testing，我们称之为业务过程测试框架，其核心是创建一些重用组件，你可以通过拖拽的方式把这些组件拼装成测试脚本。自动化测试工程师可以通过在 UFT 上定义各种组件并实现它们各自的功能。

Andrew：BPT 的优势在哪里？

我：BPT 从应用中拆分出了自动化测试的工作，一旦基本的组件都完成后，甚至手工测试人员也可以创建自动化测试脚本。另外，BPT 的界面可以实现各种扩展功能，如在无需修改业务过程组件的前提下，添加额外的参数。

Andrew：BPT 有哪些缺点呢？

我：BPT 框架在测试设计上会存在一些缺陷，如下：

当组件多到一定数量时，会出现性能问题。

没有支持基于业务组件层的参数，仅支持全局 test 级变量。当然，我们也有相应的解决方案。

BPT 的错误处理功能很有限，如果一个错误出现时，UFT 会继续执行下一行。一直很奇怪，为什么没有任何选项供选择，来改变出现错误的操作。

BPT 的错误选项中只允许我们停止测试或者继续执行，你无法终止测试或者重置组件。

对于界面上的一些元素，如果可以使用更好的方式来呈现，对提高效率会大有帮助。

Andrew：BPT 是什么类型的框架？

我：BPT 是一个混合类型的框架，但更偏向于关键字驱动框架。每一个业务过程通过一个关键字来替代，同时，你也可以通过数据来驱动每一个组件，或者通过数据分组来迭代这些组件。

Andrew：在 BPT 脚本中，如何管理 input 参数？

我：通常我们并不会把 input 参数独立到测试数据中，最常见的做法是 hardcode 这些数据在脚本中，这种方式的好处是，当我们调用这些组件时，这些参数会有相应的默认值。当然，你也可以使用 map 运行时的参数，这类方式用户必须输入相应的参数才可运行测试。

Andrew：可否通过外部数据文件来驱动一个业务组件测试？

我：我知道的唯一方式就是到 Test lab 中手工导入一个 csv 文件。

Andrew：如何通过脚本的方式实现？

我：我尝试过一些使用脚本的方式，但是据我可知，QC/BPT 并没有为此提供相应的 API。

Andrew：有没有方法可以关闭关键字视图？

我：无须关闭关键字视图，它在 UFT 中是可以被切换的，如果你在专家试图模式，同样也可以切换到关键字视图。

Andrew：如何测量某一操作的消耗时间？

我：一种方式是通过存储 Timer 函数的返回值与新的 timer 函数返回值作差，但是这种方式如果时间到了凌晨之后，就会失效，因此比较好的方式是捕获日期与时间，你可以使用 now 方法并通过 DateDiff 计算当前时间与之前存储的时间的差值。另外，也可以使用一个保留对象 MercuryTimes 计算开始时间和结束时间。

Andrew：如何使用 MercuryTimes 对象？

我：timer 对象有一个 start 方法和 stop 方法，脚本如下：

```
MercuryTimers("Test").Start
Wait 5
MercuryTimers("Test").Stop
Msgbox MercuryTimers("Test")
```

Andrew：我们可以使用这种方式来测量页面的载入时间吗，或者做一些性能测试？

我：当然可以，但是生成的数据可能不是特别精准。

Andrew：你是如何测试这些载入时间的？

我：我们应该使用特定的性能测试工具进行分析，如 LoadRunner 就是一个比较合适的性能测试工具。

Andrew：Nurat 我们已经完成了这轮面试，你现在可以在外面等候。

第一轮紧张的面试就这样结束了，此刻的我非常饿，真想飞奔到食堂大吃一顿，但是我又担心可能会被通知继续下一轮面试，又或者是直接在这一轮被拒，虽然被拒的可能性较小，因为大多数问题个人感觉基本都回答得不错，面试过程也进行得比较顺利。

我一直坚持等待着对方的下一步行动，但是 15 分钟过去了，没有任何人通知我有任何进展，我开始有些沮丧，不是因为等待，而是真的到了饥渴难耐的地步，又过了 10 分钟，Andrew 过来通知我 30 分钟后将会进行下一轮面试。

此时此刻我的第一个想法就是要寻找一个餐厅解决我的吃饭问题，我尝试询问公司的前台美女小姐：

"hi，美女，请问可否告知前往餐厅的路线，谢谢？"

"当然，直走，接着左转之后上楼梯就可以看到餐厅了"

表示感谢后，我就飞奔到了食堂给自己开个荤，虽然家里人有规定，在周一、周二以及周四只能吃素食，但是工作后我决定自行解除这些限制。

对于我来说，不在家时要吃到美食相当困难，那是因为吃素食会让你失去很多好的选择。虽然食物相当美味，但是对于此刻的我来说，我更担心下一轮面试，吃完饭后立刻开始准备下一轮面试。

很快我就回到了会议室外，开始等待，我已经习惯了这里的拖延现象，40 分钟过去了，他们要求我到会议室里等待。

不久，面试官来了，他看起来相当专业，我表示压力山大。

第二轮面对面的面试

亚历克斯：Nurat 你好，我是亚历克斯。我的职位是高级技术架构师。我管理着测试框架和一些其他的团队。这场面试将会是一场实用性的面试，你面前的这台笔记本安装了 UFT 11 的软件。任何时候，你都可以用它来查阅我所提到的事情。

我们开始吧。

我知道任何产品在某些人看来都有它的局限。然后这些局限性可能不会被其他人看到。那么，以你的观点，UFT 的局限有哪些？

我：我认为，列出 UFT 哪些功能不能实现比起列出哪些功能可以实现困难多了。让我想想有哪些功能是 UFT 无法实现的。

- UFT 不支持对运行在远程连接的电脑上的程序进行自动化测试。

- UFT 脚本不支持在没有安装 UFT 的机器上运行。

- 针对 VC++和 C++程序的支持非常有限。

- UFT 的文档中有些功能没有实际操作的例子，仅显示了如何去用这些功能。我们不能期望公司为所有这些付出很大的努力，因为他们也有一些有严格的期限和复杂的任务需要处理。这些就是爱好者社区背负的巨大责任了。经过一些爱好者群组的努力，就产生了诸如由塔伦拉尔瓦尼著作的数本书籍 - 'QuickTest Professional Unplugged'，'QTP Descriptive Programming Unplugged'和'UFT/QTP Interview Unplugged'。所以，来自全球的这些爱好者使这个劣势明显最小化了。

- UFT 只支持IE、Firefox 和 Chrome 3 个 Web 浏览器。针对其他浏览器，诸如 Windows 版的 Safari，Opera 等都是不支持的。这将阻碍用户搭建对于跨浏览器应用的自动化套件的进展。

- UFT 使用 VBS 脚本作为核心的编程语言，它自身就有很多限制。如果支持.NET 语言，就能使 UFT 变得非常强大。

- UFT 的市场定位也是一个局限。它的市场定位是一个能被没有任何程序开发经验的人员使用的工具。这就使用户产生了一个观念，我不需要任何开发经验，就能胜任。但是，以我自己的角度看，当我们拥有越少的开发技术知识时，我们就会遇到越多的 UFT 方面的局限，主要是因为我们的目光都集中在这个小的范围内，而如果我们能在这个范围外找，就能找到很多的简易的解决方案。

- 另外，还有一些功能，如对象库管理工具和维护、错误处理机制等，都还可以有很大的改进空间。

我能想到的还有很多其他局限，但是这样就会永无休止了，我希望这些是您想要的答案。

亚历克斯：是的，确实是。好的，告诉我你在做 UFT 测试自动化时遇到的挑战以及你是怎么克服它们的？

我：（这次面试可能是直到现在为止最长的一次面试了……，但无论如何……）

我从事的每一个项目都遇到了不同类型的挑战。

我从事的第一个项目有两个主要的挑战：第一个是这个项目里涉及到的程序对象不停地变化；第二个是我们使用到的数据缺乏有效的规划。针对动态对象的问题，我们创建了一个以Excel为基础的对象库，这个对象库支持添加一个对象的多条识别属性，以使该对象在运行时能够被正确识别。这样就能使我们支持基于一个同样名称的不同页面、不同属性的对象了。而且编写代码时简单了不少以及维护时的工作量和难度也大大降低。

针对测试数据的问题，我们在流程中引入了数据验证脚本，捕获各种数据和计划的问题。这样，我们能避免75%的由于垃圾数据造成的运行失败的问题。

说起我另外的一个项目，我们团队需要为一个异步订购系统实现自动化。在这个应用中，一旦下了订单，被处理的时间是在一个波动范围内的。这个处理时间是完全不受控制的，我们不能让脚本等待一个很长的时间，以至于浪费脚本非常宝贵的执行时间。因此，我们创建了一个脚本来处理订单，另一个轮询的脚本每天运行两次，负责检查订单状态并更新执行状态到QC里。

我面临的另一个挑战是在一个项目中我们需要用不同的用户去下载数据，并将这些数据合并到一个Excel工作表中。在我们对场景做自动化时有两个问题：第一个是性能；因为我们使用的是 GetCellData 函数按单元格来获取下载好的 Excel 文档。我们发现，如果我们发送CTRL+A，然后 CTRL+C 就能简单地复制到所有数据，我们能将所有数据都直接粘贴到Excel中，这样就能将超过 20 分钟的执行时间缩短到仅仅 2 秒钟时间。第二个问题是 Explorer 进程不断崩溃。原因是我们使用脚本来关闭 Explorer，这样会使 IE 浏览器崩溃，导致脚本挂起在那里。而且我们的恢复场景也不能正常工作，所以我们决定先登出，再使用不同的用户名登录同样的浏览器。但是，应用程序会要求只能登录一次，因为它会存储会话 cookies。就算是成功的登出然后登录，也会是前一个用户。我们发现，微软的 Windows 系统提供了一个应用程序接口来清除会话 cookies，但是这个代码需要用 IE 浏览器进程来调用。因为我们的代码运行在 UFT 上，所以调用那个应用程序接口没有任何作用。因此，我们使用 VC++编译了一个动态链接库，将它嵌入到 IE 浏览器，然后执行那个应用程序接口来关闭浏览器会话。这种方法行得通并且我们能使用新的用户名重复登录同一个浏览器。

有很多类似的挑战表面上看起来很简单而且问题不大，但是找一个正确的、有效率的解决方案是一个艰苦的任务。

亚历克斯：你曾经在项目中使用过自定义的动态链接库吗？

我：是，有的。

亚历克斯：你能告诉我一些使用自定义动态链接库的好处和优势吗？

我：自定义的动态链接库在测试中能够通过 DOTNetFactory 调用，以使他们的 COM 方法可见。

使用编译代码对比 VBS 脚本有一些优势。首先，使用编译代码意味着更好的性能；其次，如 VB。Net 和 C#。Net 语言有着更强大的错误处理机制。.Net 产品的集成开发环境也是非常强大的，它们拥有更好的 UFT 集成开发环境提供的 IntelliSense 功能。

面向对象编程语言也支持继承和多态，这些都是 VBS 脚本不支持的。许多错误都能够在编译前找到，而这个功能是 VBS 脚本这种脚本语言无法实现的，这也就是为什么脚本代码只会在运行时进行解释和编译执行的原因。

编程语言也能够提供多种对象和技术来完成多种任务，但 VBS 脚本就非常有限，它不支持很多。Net 技术或者其他面向对象语言中的对象。

亚历克斯：有其他缺点吗？

我：虽然使用自定义动态链接库非常有优势，但是它仍然有一些缺点，以至于在自动化项目中被舍弃。

首先，最重要的，不是每个自动化团队的成员对编程语言都很熟悉。如果团队中的程序员决定离开项目，或者当代码需要修改而程序员没有时间时，将会对项目造成很大的影响。因此，如果出现一个不稳定的动态链接库或者一个有缺陷的动态链接库，测试将无法开展下去。

当然，程序每次需要有变更时，动态链接库都需要重新编译，然后加载到所有用到动态链接库的机器上。即使是可以使用共享动态链接库到网络驱动器的方式解决，但是必须重新编译也是非常麻烦的。

这个动态链接库为应用程序和 UFT 之间建立了另一层关系。换句话说，动态链接库是另一个负责管理和维护的组件，这样就能在复杂的高压力环境中起到卓有成效的作用。

亚历克斯：你的简历里提到你有 C#方面的工作经验，所以你也应该有一些。NET 框架方面的见解了？

我：不完全是吧。我曾经使用 C#开发过一些 COM 组件，但是我并不精通.NET 的理念。

亚历克斯：那么，NET 框架的两个主要组件是什么？

我：.NET 框架的两个主要方面是 MSIL 和 CLR，但是我不确定它们是不是主要的组件。

亚历克斯：什么是 MSIL？

我：MSIL 代表微软中间语言。所有的.NET 程序编译后都变成了 MSIL 二进制文件。

亚历克斯：什么是 CLR？

我：CLR 是通用运行时语言。CLR 组件的任务是将 MSIL 代码转化为可执行的系统代码。

（我被震撼到了，因为面试的内容逐渐由 UFT 转到 C#上了，我完全没有准备。）

亚历克斯：什么是 CTS？

我：（我知道一家名字为 CTS 的公司，但是不清楚它在.NET 里代表什么意思）

我不知道。

注解：CTS 代表了通用类型系统。通用类型系统定义了类型在运行时是怎样被定义、使用和管理的，这对跨语言集成是一个重要的运行时支持。

亚历克斯：C#中的部分关键字如何使用？

我：部分关键字允许将项目中的类分割成多个代码文件，这样就能帮助把在一些大类中的代码划分为不同的部分。

亚历克斯：数组和数组列表的区别是什么？

我：数组是特定类型，只能存储你所定义类型的数据。数组列表能存储对象和任何类型的数据。C#中的数组是固定长度的，而数组列表长度是能收缩和扩大的。

这些就是我所知道的核心的区别。

亚历克斯：运行期和编译期多态的区别是什么？

我：（我只记得一些零散的概念，并且我知道如果我开口说，就很有可能说错。）

我不知道。

注释：

编译期多态：编译期多态是方法和运算符重载。它的另一种名称叫提前绑定。当方法拥有同样的名称但是不同的参数时，它被称作方法重载。在方法重载中，方法根据不同的输入参数完成不同的任务。

运行期多态：运行期多态是用继承和虚拟函数实现的。方法重写被称为运行期多态。它也被称为延迟绑定。方法重写的含义是子类定义了一个带有与超类同样类型参数的方法。当重写一个方法时，你改变了派生类方法的行为。重载方法只是简单地引入一个同样原型的方法。在运行期多态（类似方法重载）中，我们是不可能在编译时预知哪个版本的方法会被执行的。换句话说，只有在运行时，我们才知道哪个类中已经被另一个类重写的方法调用。

亚历克斯：在一个解决方案中，构建和重构建选项的区别是什么？

我：（终于……提到我知道的事情了……）

构建选项的含义是仅在与上次构建相比有变动的文件上做编译和链接。重新构建的含义是不管文件是否改变，都重新构建所有的文件。

亚历克斯：我们能在同一个项目中使用两种不同的.NET 语言吗？

我：不行。必须在不同的项目中使用不同的.NET 语言。

亚历克斯：你怎么在全局程序集缓存中安装你的程序集？

我：有两种方法可以实现：

• 第一种方法是拖拽程序集到 Windows 的程序集目录。

• 第二种方法是在全局程序集缓存中使用 GACUTIL 功能安装程序集。

亚历克斯：还有其他的前置条件吗？

我：没有。

亚历克斯：你们没有为程序集签过名吗？

我：我们必须为程序集签名。

（我开始有点紧张了，而且我预感我不能通过这轮面试。）

亚历克斯：我这里有两个同样名称的程序集，它们是同一版本，但是有不同的公共密钥。我能在全局程序集缓存中安装它们吗？

我：我知道不同版本的程序集可以安装，但是我不能确定这种情况行不行。

我没有尝试过这种情况，但是我估计它能实现。

亚历克斯：你们怎么运行互联网信息服务服务器？

我：你的意思是使用 ASP.NET 技术的互联网信息服务服务器？

亚历克斯：是的。

我：我没有 ASP.NET 的经验。我不知道怎样去运行互联网信息服务器。

亚历克斯：那么，接口和抽象类的区别是什么？

我：抽象类是一个不能实例化的特殊的类。抽象类也有声明代码。接口，换句话说，可以没有声明代码。一个声明了接口的类需要声明接口所有的方法和属性。

亚历克斯：有其他的不同点吗？

我：没有。

注释：可怜的 Nurat 忘记了一个类可以继承许多接口，但是只能继承一个抽象类。而且，一个继承抽象类的类不需要定义抽象类的方法。如果有必要，它能重写这些方法。

亚历克斯：C#中的只读关键字和常量关键字的区别是什么？

我：只读关键字在类里面可以被更改，但是常量关键字绝不能被更改。常量关键字只能在编译时需要被声明并且赋值。

亚历克斯：（使劲地盯着我）

你确定吗？

我：（我现在陷入了完全惊慌的状态……开始结结巴巴了）

我……我不是很确定。先生，我的专长是 UFT，而不是 C#。我会偶尔使用到 C#来完成任务，但是对于您所说到的所有这些概念，我不是很精通。

注释：一个常量必须在创建时进行初始化。一个只读字段在运行时能在类构造器允许传递参数时被赋值。将字段定义为常量可以保护你和其他程序员不小心改到该字段的值，而且需要注意的是，使用常量字段时，编译器会在不定义任何字段堆栈空间的情况下完成一些优化工作。只读关键字与常量关键字非常相似，但有两个例外。首先，只读字段的存储和常规的读写字段一样，而且没有性能方面的优势。然后，只读字段能在包含类中的构造器中被初始化。一个只读的属性能被改变，但是不能被修改。

下面的例子中，属性"名字"永远不会被改变，但是属性"年龄"能被改变。

```
public class Student
{
public string name
{
get
{
return "john";
}
}
public int age
{
get
{
Random random = new Random();
//12 至 18 之间的随机数
return random.Next(12, 18);
}
}
}
```

亚历克斯：好的，现在测试一下你的 UFT 技能吧。在 UFT 中能用到哪些脚本语言？

我：UFT 界面测试脚本仅支持 VBS 脚本，通用程序接口脚本支持 C#语言。

亚历克斯：你确定 UFT 不支持其他脚本语言吗？

我：明确的说，UFT 只能使用 VBS 脚本语言进行编写，虽然我们能在 UFT 中初始化一些不同语言的外部脚本。

如果我们使用语句：

```
SystemUtil.Run "cscript", "C:\MyJSFile.js"
```

然后，它并不会在它自己的环境中运行 JS 脚本。所以，如果您认为这样就算作 UFT 支持 JS 脚本，那么它就是能够支持的，反之则不能算是支持。我的意见是 UFT 不能算作支持 JS 脚本。

亚历克斯：有道理。下面两条语句会得到同样的结果吗？

```
SystemUtil.Run "iexplore.exe", "http://KnowledgeInbox.com/"
SystemUtil.Run http://KnowledgeInbox.com/
```

我：恩，它们输出的结果是否相同依赖于它们所在系统的配置。首先，这条语句会使 IE 浏览器打开相关地址。第二条语句会使用系统中的默认浏览器打开相关地址。如果默认的浏览器是火狐浏览器，那么火狐浏览器就会打开这个地址。而且，有些注册表中的配置能够让这段代码调用 explorer 进程打开地址，而不是 iexplore 进程。在这种情况下，UFT 有可能将浏览器识别为 Window 对象。

亚历克斯：那么，针对 explorer 和 iexplore 的进程问题，有解决方法吗？

我：是的。有两种方法：一种是在 Windows 注册表中改变相关的键值。这个键值的名称是 BrowseNewProcess，但是我不太记得它的路径了。我们能用 RegEdit 命令轻松地搜索到这个键值。

第二种是在 UFT 中打开工具->选项->Web->高级选项，选中"对 Microsoft Windows Explorer 启用 Web 支持"选项。

注释:这个 BrowserNewProcess 键值的位置是注册表中的 HKEY_CURRENT_USER\Software\Microsoft\Windows\CurrentVersion\Explorer\BrowseNewProcess

亚历克斯：下面的脚本有什么潜在的问题？

```
Dim sDate
sDate = CStr(Date())
Browser().Page().WebEdit().Set sDate
```

我：这段代码看起来没问题而且能运行正常，但是一个潜在的问题是程序能否识别这样的日期格式。如果这个脚本运行在不同的地理位置的主机上，这个日期格式就会取决于当前主机的地区设置。为了避免这种情况，通常需要生成我们想要的日期格式。所以，如果我们想要的日期格式是 DD/MM/YYYY，那么就应该使用如下代码：

```
sDate = Day(Date) & "/" & Month(Date) & "/" & Year(Date)
```

亚历克斯：你提到的这种情况用其他方法可以避免吗？

我：是的。VBS 脚本支持的一个方法叫 SetLocale，我们能在脚本中用这个方法设置区域。假如我们需要澳大利亚的日期格式，可以写成如下形式：

```
Call SetLocale("en-au")
sDate = CStr(Date)
```

SetLocale 方法也可以返回原始的本地设置。假如我们想还原到原始的设置，可以继续使用 SetLocale 方法。

注释：如果需要获取当前的本地设置，可以使用 GetLocale：

```
oldLocale = GetLocale()
```

亚历克斯：下面的脚本有什么错误？

```
For i = 0 to 10
Print i
Next
```

我：（即使运行 100 次，也不会看到错误吧。不太明白他想知道什么……是我忽略了什么事情吗？……噢，对了！）

我忘了问你一些问题。这个脚本的运行环境是什么？如果运行在 UFT 是没有问题的，包括运行在 QTP 9.x 或以上版本。如果在 QTP 8.x 版本或者 QTP 以外的程序中运行，将导致报错，因为程序不支持 Print 语句。

亚历克斯：不错！我给你一条 UFT 测试中的代码片段：

```
Dim X
X = 10
If X = 20 Then
Msgbox "You are inside If"
End If
```

希望你在没有改变任何脚本的情况下让 MsgBox 信息框显示出来。

我：（这是一个奇怪的问题。这个功能可能实现吗？）

我们能在测试脚本中添加一个新的库文件吗？

亚历克斯：不，不行。

我：那么，我不知道怎么才能做到。

亚历克斯：好的。如果允许添加一个库文件，你会如何来实现？

我：我会添加一个类并且初始化，然后将信息框放到类里面，就像下面的代码：

```
Class Test
Sub Class_Initialize()
Msgbox "You are inside If"
End Sub
End Class
Set oTest = New Test
```

当测试运行时，信息框将会显示出来。

另一个方法是简单地将 MsgBox 语句放到一个库文件，然后将库文件关联到测试上：

```
MsgBox "You are inside If"
```

亚历克斯：这样可以工作，但是并不是我期待的方法……有其他办法吗？

我：请给我两分钟思考一下……

（他不让我使用类，也不让我更改脚本……我怎样才能做到呢……如果能像 Visual Studio 一样有一个选项来更改下一条语句，那么使用断点就能轻松地实现了。断点……对了！）

这是有可能的。我想做的是在'If X =20 Then'语句上面加上断点，当进入调试模式时，我会进到监视窗口或者命令窗口，修改 X 的值为 20。然后恢复运行脚本，就会显示这个详细框了。

注释：KnowledgeInbox 的 PowerDebug 工具允许在当前的代码上下文中跳到任何代码语句。这个功能可以帮助大家即使在代码运行时遇到错误时，也能调试和测试代码。

获取更多信息，请参考下面的地址：

KnowledgeInbox.com/products/powerdebug/

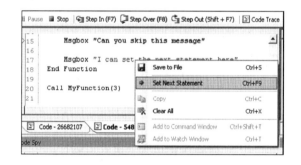

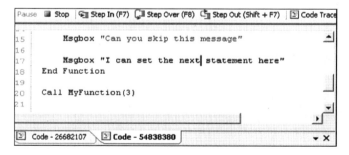

亚历克斯：很好。下面的代码段会输出什么？

```
Option Explicit
X = 2
Msgbox X
```

我：因为变量'X'未定义，所以这段代码段将会报错。

亚历克斯：如果我像下面这样改变代码呢？

```
Option Explicit
X = 2
Msgbox X
Dim X
```

我：因为我们定义了变量，所以这样就能正常运行。

亚历克斯：我先使用一个变量后才定义变量，这样不会报错吗？

我：不会，VBS 脚本会在执行代码前处理所有的变量定义。所以，这样写应该是可以的。但是，我相信在使用变量前定义变量是一个好的习惯。

亚历克斯：下面的脚本会输出什么？

```
For i = 10 to 0
Msgbox i
Next
```

我：这个循环不能运行，因为 For 循环只会在增量模式上运行。如果需要保证这个脚本能运行，就要改变 Step 的值。

```
For i = 10 to 0 Step -1
Msgbox i
Next
```

亚历克斯：如果有如下脚本：

```
Option Explicit
ReDim arrTest(2)
arrTest(0) = "Tarun Lalwani"
```

我们现在没有使用 Dim 来定义变量 arrTest。这段代码的哪一行会报错？是 ReDim，还是 arrTest(0)？

我：（又一个很狡猾的问题！ReDim 关键字会首先定义变量的）

这是一个容易被大家忽视的问题，我没有尝试过这种情况，但是根据我的理解，ReDim 应该会首先定义变量，所以代码不会报任何错。

注释：ReDim 定义一个变量数组已经足够了，不需要额外使用 Dim 来定义变量。

亚历克斯：下面的脚本有什么问题？

```
SystemUtil.Run "c:\Program Files\\Internet Explorer\\iexplore.exe"
```

我：这个代码没有问题。虽然我们没必要在路径里使用一个 "\\" 符号，但是即使用了，也不会有问题。唯一的问题是，如果使用 "C：\\" 作为起始路径，我们不能在驱动器后面使用 "\\"。对于后面的路径，任何个数的连续的斜杠符号都会被视为一个斜杠符号。

亚历克斯：如果有下面的脚本：

```
Function Test()
X = 2
End Function
Call Test
Msgbox X
```

输出会是什么？

我：会返回一个空的信息框，因为这个值是在 Test 函数里创建的，所以在函数 Test 所在范围终止后会自动注销这个值。

亚历克斯：那么，有可能在不改变值的情况下修复这个错误吗？

我：有可能，如果我们在全局范围内定义这个变量，以下是修改后的代码：

```
Dim X
Function Test
X = 2
End Function
Call Test
Msgbox X
```

那么，它就能正常工作了。

亚历克斯：还有其他办法吗？

我：其他办法……赋值操作必须发生在全局范围内，所以我猜想我们能使用 ExecuteGlobal 方法，以下是修改后的代码：

```
Function Test
ExecuteGlobal "X = 2"
End Function
Call Test
Msgbox X
```

这样它就能工作了。

亚历克斯：如果修改成下面的代码呢？

```
X = 7
Function Test
X = 2
End Function
Call Test
Msgbox X
```

现在输出的是什么？

我：信息框这时会显示为 2。当第一条语句"X = 7"被执行时，变量 X 在全局范围中被创建，然后我们调用 Test 函数时，它会从函数自身全局范围内的变量 X 取值。所以，我们获取到了更新后的值。

亚历克斯：那么，如果我不想更新这个值呢？

我：可以在 Test 函数里定义 X。它会使 Test 函数使用本地的变量 X。

```
X = 7
Function Test
Dim X
X = 2
End Function
Call Test
Msgbox X
```

亚力克斯：怎么交换两个变量呢？

我：（啊……这个比较简单了）

```
TempVar = VarA
VarA = VarB
VarB = TempVar
```

亚历克斯：对不起，我忘告诉你，不允许使用临时变量。

我：（额……我不该觉得自己很幸运）

我们能用一个函数来交换变量：

```
Function Swap(ByRef ValA, ByRef ValB)
Swap = ValB
ValB = ValA
End Function
ValA = Swap(ValA, ValB)
```

亚历克斯：那么，你是在这里用了一个函数，这个函数将你的变量作为返回值返回。我将修改你的代码如下：

```
Function Swap(ByRef ValA, ByRef ValB)
Swap = ValB
ValB = ValA
ValA = Swap
End Function
Call Swap(ValA, ValB)
```

这样会比以前的代码更好，但这不是我想要的，因为我不想让你使用函数。

我：（这可是一个难题，我不得不使用一些针对变量的操作。那么，让我假设一些值。

A = 10

B = 20

现在我想要 A = 20，B = 10

如果用 A = A + B，会得到 A = 30，B = 20

改变 B，能获得 B = A−B = 10

现在 A = 30，B = 10

A = A–B = 20

下面试试其他值，若 A = 5，B = 4

那么，A = 9，B = 9–4 = 5 以及 A = 9–5 = 4

嗯，这就对了。）

我们能使用加法和减法来实现，代码如下：

```
VarA = VarA + VarB
VarB = VarA - VarB
VarA = VarA - VarB
```

亚历克斯：这个解决方案只能用于数字的交换吗？

我：是的。

亚力克斯：那么，怎么才能交换两个字符串呢？

我：（我开始沮丧地摆弄着头发，我不知道能否通过排序来做到。我可能需要按照同样的方法来实现。在纸上计算一番后，终于找到了解决方法）

```
VarA = VarB & VarA
VarB = Mid (VarA, Len(VarB) + 1)
VarA = Left (VarA, Len (VarA) - Len(VarB))
```

亚历克斯：Set 语句的作用是什么？

我：Set 操作通常用于变量赋值的左侧位置，而且无论什么时候在将变量赋值为对象时必须用 Set 操作。当赋值操作的右边位置不是对象时，没有必要使用 Set。举个例子，假设有下面的语句：

```
Set oDict = CreateObject("Scripting.Dictionary")
Set oDesc = Description.Create
Set NewClass = New MyClass
```

亚历克斯：你使用过 GetRef 函数吗？

我：是的。GetRef 函数的作用是将一个引用对象返回给函数或者过程。

亚历克斯：能举个例子吗？

我：当然！假设有以下代码：

```
Function RefFunction(sUserName, sPassword)
MsgBox sUserName & " - " & sPassword
End Function
Set GetRefFunction = GetRef("RefFunction")
GetRefFunction "Test", "Test"
```

当这个语句执行时，GetRefFunction 对象能得到 RefFunction 函数的引用。

换句话说，函数和它的引用将会完成相同的操作。

亚历克斯：当我们在一个绑定的函数库中定义一个类，为什么在操作中使用 New 操作来实例化这个类会报错？

我：每个操作会运行一个不同于绑定函数库中的命名空间。New 操作只能作用于在 New 被使用的语句上所定义的类。这个现象出现的原因是，默认情况下，在 VBS 脚本中，类拥有的是私有范围。所以，唯一的解决方法是创建一个和类拥有同样范围的公共对象，然后通过 Function 返回。下面是一段实现了此类功能的函数库代码：

```
Class myClass
End Class
Function NewMyClass()
Set NewMyClass = New myClass
End Function
```

现在，在操作中我们能获取到由函数定义的对象：

```
Set oClass = NewMyClass
```

亚历克斯：什么是 QFL？

我：QFL 是 UFT 函数库的首字母缩写。

亚历克斯：我这里有一个程序，它们分别跑在两个不同的站点地址上。我想写一个测试来比较两个站点。他们有同样的标题，同样的对象和同样的任何事情。我怎么才能在多浏览器上作这种比较呢？

我：有以下几种方法可以实现：

- 可以同时启动两个浏览器;使用属性 CreationTime：=0 识别第一个打开的浏览器，使用属性 CreationTime：=1 识别第二个打开的浏览器。

- 另一种办法是使用应用程序地址启动两个浏览器，然后使用 OpenURL 属性识别。如果我们知道两个应用程序拥有不同的地址，那么这将是一个较好的办法。

- 还有一种办法是在调用浏览器时使用随机数字，然后使用 OpenTitle 属性来识别。换句话说，我们能用下面的代码：

```
SystemUtil.Run "iexplore.exe", "about:"& RandomNumber.Value(
10000,99999)
```

亚历克斯：执行这个比较时，你觉得会碰到什么样的挑战？

我：这个任务在测试中会遇到非常大的挑战，两个浏览器在同一个位置弹出窗口。换句话说，假设在两个浏览器中单击同样的链接弹出另一个窗口，区别这两个弹出窗口会是一件困难的事情。解决办法是：在一个应用程序中打开弹出窗口，读取必要的信息，关闭窗口，然后为第二个窗口做同样的事情。

亚历克斯：UFT 中什么是缺失资源窗格？

我：它显示了当前测试脚本关联的所有缺失资源。我们可以双击中间的缺失资源来定位资源，以便解决这个错误。

亚历克斯：它能显示什么样的缺失资源？

我：缺失资源可以是下列内容：

- 共享对象库；
- 函数库；
- 没有映射的对象库参数；
- 恢复场景；
- 调用操作。

这些是缺失窗格中能显示的资源。

亚历克斯：你有没有忘记过一项资源呢？

我：我不太确定我是否忘记了与测试关联的什么资源，因为这些都是与测试关联的资源。我想不到其他的资源了（我现在有点迷惘了，因为我不知道他是在考验我，还是真的有什么资源我忘记了）。

亚历克斯：好的。有一个资源你漏掉了，你以后可以自己再去查。

Note：Nurat 忘记提到的一个资源是环境变量文件。

亚历克斯：假设 UFT 脚本在长时间运行的一种情况下，我想用一个外部脚本来实现在不终止测试的情况下在运行的脚本中调用一个函数，怎样才能解决这个问题呢？

我：你的意思是你想暂停当前的测试，然后执行一个函数，最后继续执行脚本？

亚历克斯：是的，正确。

我：从外部看，UFT 不允许访问当前测试中的任何函数。我们能使用 UFT 自动化对象模型来访问一些信息，但不是测试本身。一种可能的解决方案是用一个外部的触发器去让我们知道函数必须被执行到。为了达到这个目的，我会创建一个以触发弹出窗口为后续操作的恢复场景。窗口的标题可以定义为类似"外部触发器.*"的文字，然后我们关联一个恢复函数作为恢复操作。函数可以编写为如下形式：

```
Function EXT_TRIGGER(Object)
End Function
```

这个对象参数当弹出窗口触发器触发时，会接收到窗口对象。假如我们想基于触发器运行一个函数，可以使用类似标题为"外部触发器：函数名称"格式的触发器。那么，在外部触发器函数中，我们能从标题上提取到函数名称。

```
Function EXT_TRIGGER(Object)
Dim sTitle, sFunctionName
sTitle = Object.GetROProperty("title")
sFunctionName = Split(sTitle, ":")(1)
Dim oFnPtr
Set oFnPtr = GetRef(sFunctionName)
Call oFnPtr()
End Function
```

现在剩下的部分是检查 UFT 中的触发器。UFT 的恢复设置允许我们从三个地方去检查恢复场景：

- 每个步骤上；

- 出错时；

- 从不。

在这个例子中，想在脚本运行正常的情况下，函数也能在任何时间被执行，必须使用'在每个步骤上'选项。这会稍微降低一些脚本的性能。另一个问题是如果存在一个没有测试对象引入的大循环，那么恢复场景不会被检测。例如：

```
For i = 0 to 100000
Print i
Next
```

如果上面的脚本运行，那么 UFT 不会捕获到任何恢复触发器，因为这段代码没有用到 UFT 测试对象。

亚历克斯：那么，你有办法修复这个问题吗？

我：是的，我们现在有两个选择：一个是在循环中添加 Recovery.Activate 语句，强制检查恢复场景。

```
For i = 0 to 100000
Print i
Recovery.Activate
Next
```

第二个是添加一个虚假对象，触发恢复场景。

```
For i = 0 to 100000
Print i
bFlag = Window("hwnd:=0").Exist(0)
Next
```

亚历克斯：如果使用恢复场景的'在每个步骤上'选项会影响性能，那么怎么改进呢？

我：可以将恢复场景设置为'从不'选项。在脚本中，我们能强制恢复场景使用'Recovery.Activate'方法。通常在 Web 程序中重写 Sync 方法并且添加'Recovery.Activate'方法比较好。

亚历克斯：你在项目中用过验证码吗？

我：是的。

亚历克斯：验证码是用来做什么的？

我：验证码是全自动区分计算机和人类的图灵测试的首字母缩写。简单地说，它的目的就是阻止自动化。

亚历克斯：为什么需要阻止自动化？

我：有时有必要阻止各类通用软件来实现自动化任务，因为这些任务可能对系统是有害的。举个例子，如果我有一个站点允许大家进行评论，但是没有一个机制来阻止自动机器人发送垃圾评论，那么我会因为数百个没有任何价值的评论而被迫终止评论功能。这样的负面影响是，它们会占据服务器控件，而且我必须进入站点逐个删除这些评论。一些机器人还能传递一些不正当的内容来破坏我的网站声誉。验证码能阻止这些内容的滥用，并且节省了时间和金钱。

亚历克斯：如果你需要对一个带有验证码图片的页面做自动化，你怎么才能在页面上获取验证码图片中的验证码呢？

我：如今的一些验证码图片很难被识别和破解，大多时候我们不能用光学识别技术来识别它们。那么，有一些变通的办法来自动化类似的程序：

- 请开发人员在测试环境中设置验证码图片内容始终唯一。

- 请开发人员在页面中的验证码文本值上附加一个隐藏的标签，我们在运行中读取文本然后使用它，这个方法只能在测试环境中使用。

- 开发人员能够提供给我们一个算法，这个算法能让我们去解码验证码文本。

亚历克斯：下面的脚本是关于已经打开谷歌网站的一个浏览器：

```
Msgbox Page("title:=.*Google.*").Exist(0)
Msgbox Page("title:=.*Google.*").WebEdit("name:=q").Exist(0)
```

这样会不会运行成功？

我：因为我们没有浏览器对象，所以会报错。但是，我们不能确定在 UFT 中能不能运行这段代码。

注释：QTP9.5 以后的版本支持运行时没有浏览器对象。

亚历克斯：我有一个脚本在 VBS 脚本编辑器中运行正常，然后我把脚本放到 UFT 中运行。这个脚本没有任何的 UFT 测试对象，请问这个脚本在 UFT 中能否正确运行？

我：在 VBS 脚本语言中，任何一个脚本都由两个部分组成：一个是核心语言代码；另一个是宿主相关代码和对象。如果用到任何宿主相关对象，不能将它移到另一台主机运行。当在 Windows 中独立运行一个 VBS 脚本文件，默认的宿主是 WS 脚本。因此，如果代码中用到对象，那么脚本在 UFT 中无法正常运行，反之则可以。

亚历克斯：能在 UFT 中加密我的代码或者用密码保护我的代码吗？

我：不行。市面上有一些工具能让代码难以读懂，但是也只能做到这个程度了。

亚历克斯：有什么办法能隐藏代码，不让用户发现（如果不能加密代码）？

我：一种方法是创建一个基于 COM 的动态链接库，然后将所有需要的对象传入到一个函数里。这种方法的两个大的问题是维护工作和范围不同。一个小的代码变动也需要动态链接库重新进行编译，而且由于我们没有在 UFT 的环境中运行代码，如 Reporter、浏览器等的对象将不可用，所以我们不能像在 UFT 里面一样写代码。

亚历克斯：我们能用 UFT 做接口测试吗？

我：能，但是只是部分支持。UFT 使用 VBS 脚本作为它的核心语言，所以任何使用数据类型的接口都不被VBS脚本所支持，而且在UFT中无法工作。UFT提供的一个功能对象Extern，可以用来定义接口和生成接口调用，但是动态链接库必须是 C 类型的动态链接库。任何接口需要如结构、双指针等的数据类型都不能正常工作，因为 VBS 脚本的数据类型不支持这些类型。

所以，我们使用 UFT 只能测试很有限数量的接口。

亚历克斯：什么是检查点？

我：检查点是插入到测试中用以校验被测程序中的各种展现内容正确性的。

亚历克斯：为什么需要用检查点？

我：没有检查点，我们的脚本永远不会通过。但是，他们在错误发生时会失败。在被测程序中，检查点是非常重要的校验点，用来测试需求。

亚历克斯：UFT 支持什么类型的检查点？

我：标准，文字，文字区域，位图，图片，表格，数据库，文件文字，XML。

亚历克斯：你漏掉了一个类型，是哪个？

我：嗯……我不记得我漏掉了什么。

亚历克斯：你漏掉了易用性检查点。不管怎样，请告诉我标准检查点和文字检查点的区别？

我：标准检查点是用来在同一时间检查多个对象属性的。而文字检查点是用来校验一个指定对象的文字的。标准检查点可以能用来检查所有类型的测试对象，而文字检查点不能检查所有类型的测试对象。

亚历克斯：在 UFT 中如何比较两个图片？

我：第一种方法是使用位图检查点。但是这样的话，一个图片必须有位图检查点，另外一个图片需要在屏幕上显示出来。

第二种方法是当两个图片都是文件格式时，我们能针对这两个文件做一个字节比较。但是，这样实际上会比较两个文件的存储格式，如果两个文件的存储格式有任一位数据发生变化，都会导致比较失败。

第三种方法是用一个第三方比较工具按照像素比较两个文件。其中一个工具是 KnowledgeInbox 屏幕比较接口工具，它允许调用 COM 对象来比较图片。

注释：KnowledgeInbox 屏幕捕捉图片工具能在如下地址下载：

```
KnowledgeInbox.com/? s=comparison+com+api
```

亚历克斯：图片和位图检查点的区别是什么？

我：图片检查点是为了检查图片的属性，如源、宽度、高度，它会按照像素来检查实际的图片。

亚历克斯：在位图检查点上能添加哪些种类的像素偏差阈值？

我：像素偏差阈值定义了像素的最大允许偏差。RGB 偏差阈值指定了一个像素颜色占的百分比允许偏差。这两个允许偏差都是位图检查点支持的。

亚历克斯：文字和文字区域检查点有什么区别？

我：文字检查点用来检查某些文字块中间文字排列规整的情况。我们能指定在某个文字前面或者后面的文字来检查。这个文字检查点功能能够让我们测试动态变化的文字。例如，'你的订单已于 2010 年 5 月 21 日发货'，这段文字中日期将会是动态变化的，但是在它之前的文字一直是常量。

文字区域检查点是用来检查指定的文字存在于应用程序中的指定区域或者指定范围。文字区域检查点可以被当作是文字检查点的子集。

亚历克斯：如果我在一个 WinObject 上插入一个文字检查点，而这个对象不支持用 GetROProperty 来读取文字属性会怎么样？

我：这对于 UFT 不是问题，因为 UFT 使用了 OCR（光学字符辨识）技术来获取文字。但是 OCRs 并不总是能完美地运行，所以有时我们会获取到意想不到的文字。

亚历克斯：怎样检查一个检查点是成功，还是失败？

我："Check"方法用来执行检查点，返回值为真或假。我们能从检查点返回的值判断出执行检查点是失败，还是成功：

```
bStatus = Object.Check (Checkpoint("CheckpointName"))
```

亚历克斯：怎样才能禁止报告一个失败的检查点？

我：我们能使用 Reporter 对象来禁止报告。

```
Reporter.Filter = rfDisableAll
```

亚历克斯：怎样才能在运行时创建一个检查点？

我：不能在运行时创建检查点，只能在设计时或者录制时插入检查点。

亚历克斯：怎样参数化一个检查点？

我：我们能使用数据变量或者环境变量来映射到对应的值。

亚历克斯：使用 UFT 中自带的检查点有什么弊端？

我：我感觉使用 UFT 自带的检查点有很多弊端，所以我不会在脚本中使用它们。一些重要的原因，我认为是：

• 运行时无法创建检查点。

• 检查点的灵活性差以及可移植性差。

• 当申明了类似数据库和 XML 检查点时，运行时无法轻易地将值更新到期望的值。

• 更新和维护检查点是一个非常困难和耗时的工作。

亚历克斯：怎样才能自动更新 UFT 的检查点？

我：UFT 提供了一个更新运行模式，它能从应用程序中获取最新的值来更新所有的检查点。

类似地，还有一个维护运行模式可以用来在运行时更新对象描述。

亚历克斯：我们能在 UFT 中更新检查点的名字吗？

我：是的。

亚历克斯：输出检查点会输出一个值吗？

我：是的，但是它不像输出检查点。它是一个输出值。输出值能导出到全局数据变量或者本地数据变量，甚至一个环境变量。

亚历克斯：检查点和输出值的区别是什么？

我：检查点的目的是校验，输出值是为了从被测程序中获取实际的值。使用了输出值，将不同的属性值提取到数据变量或环境变量中，就能在脚本中使用这些数值了。

亚历克斯：输出值会导致一个测试失败吗？

我：是的，但是只在被作为输出值的对象不存在时，才会导致测试失败。

那就没有了验证输出值的情况。

亚历克斯：Window 和 Dialog 对象的区别是什么？

我：我认为它们之间有很多不同的地方。Dialog 对象是 Window 对象的一种特定形式。我们能使用跟 Window 对象同样的描述属性来识别一个 Dialog 对象。我知道唯一的区别是 Dialog 对象不支持 RunAnalog 方法，而 Window 对象支持。

亚历克斯：当脚本中有错误发生时，怎么能截取屏幕？

我：最简单的办法是创建一个恢复场景，触发器触发条件设置为任意错误，恢复操作设置为调用函数。在这个函数中，我们能插入一个 Desktop.CaptureBitmap 方法来捕获当前桌面中的所有对象。

注释：我们也能使用 UFT 设置来捕获发生错误时的屏幕截图。

```
Setting("SnapshotReportMode") = 1
0 - always captures images.
1 - captures images only if an error occurs on the page.
2 - captures images if an error or warning occurs on the page.
3 - never captures images
```

亚历克斯：当使用 Repoter.ReportEvent 方法报告一个错误时，如何截屏？

我：我们会创建一个新的函数 ReportFail，它有两个参数和一个固定参数 micFail。这两个参数通过 Reporter.ReportEvent 方法传入步骤名称和详情到函数中。在同样的函数中，我们能抓取截屏。

亚历克斯：你的方法需要很多的维护工作。有其他办法能使维护工作变少吗？

我：我们能创建一个函数 ReporterReportEvent，它包含 3 个参数。

这样，我们只需要替换函数库中的'Reporter.ReportEvent'为"."。

亚历克斯：这个方法比你的前一个方法好多了，但是我想在这上面加一个限制，就是代码不能被更改，你能做到吗？

我：我不太确定，让我想一想。

（我不太确定是否真的有方法，还是他在考验我是否说不。我必须好好思考这个事。

先让我们运行一个逻辑测试：

```
Reporter.ReportEvent micFail ,"X","Y"
```

不能直接重写 Reporter 对象的 ReportEvent 方法。

micFail 是一个常量，所以不能在上面做任何事情。

另外两个参数是常量，所以也不能做什么。

如果 ReportEvent 方法本身不带有任何对象，我就可以添加一个新的方法。

下面展示一下我的方法。

如果我们看一下 micFail 的语句，就应该是：

```
Reporter.ReportEvent micFail , "X", "Y"
```

如果 ReportEvent 方法是一个用来替代 Reporter 对象的内部方法，那么我可以写一个新的函数来重写它，但是这样看来并没有实现的可能。

亚历克斯：你的方法非常接近准确答案，再努力想一想。

我：（我告诉过他是关于函数的，那么肯定是关于函数的一些解决方法。

但是会是什么呢？噢，对了，我犯了多么愚蠢的一个错误！）

我想我知道了。我们能做的是不管我们什么时候报告一个错误，我们一直使用 micFail 常量，它代表了一些数值。我不太确定具体应该是什么数值，但是我们能通过打印或者 MsgBox 语句获取到它的值。现在我们可以创建一个叫 micFail 的新函数以及返回这个常量数值：

```
Function micFail()
micFail = 1 'Assuming 1 is default value of micFail
'Capture the screenshot when error occurs
Desktop.CaptureBitmap "<PATH>"
End Function
```

那么，无论什么时候，脚本中的下面语句一旦被执行：

```
Reporter.ReportEvent micFail, "X", "Y"
```

micFail 就会调用我们创建的函数，因此屏幕会被截屏。

（哦！太酷了，但是没有他的提示，我也找不出来。）

亚历克斯：怎么才能在脚本中不添加任何代码来启动一个记事本程序？

我：可以把它加到录制与运行选项里面，让 UFT 去启动它。当 UFT 运行脚本时，它将自动启动一个记事本应用程序。

亚历克斯：测试大型机应用程序需要加载什么插件？

我：大型机应用程序主要通过终端模拟器（TE）来操作。我们必须使用 TE 插件来自动化这种程序，但是 TE 插件并不支持所有的模拟器。首先应该检查 TE 的自述文件，来确认支持的模拟器种类。这种情况下，我们就能将模拟器识别为 Window 对象，然后使用类似 GetVisibleText 和 Type 方法在模拟器上做一些有限的操作。

亚历克斯：如果没有 TE 插件能做到吗？

我：能做到，但是仍然需要使用 Type 方法和 GetVisibleText 方法来做屏幕抓取。这种方法是有可能自动化这个程序的，但是它增加了代码编写的工作量，而且它并不是一个稳当的解决方案。

亚历克斯：我们能定义的最大数组长度是多少？

我：每种语言都有一些变量内存堆，都会有堆大小的最大值，所以只要 VBS 脚本有足够的可用内存，我们就能定义任意大小的数组。而且，数组大小不能超出 VBS 脚本的其他限制。

亚历克斯：还有其他限制吗？

我：数组索引是长数据类型，所以大小不能超出最大的正的长数据类型的长度。

注释：长数据类型的取值为-2147483648～2147483647。

亚历克斯：长数据类型的最大值是多少？

我：可以是 2 的 31 次方减 1，但是我不太清楚它具体是多少。

亚历克斯：长数据类型不是 32 位的吗？为什么这里要用 31？

我：第一位是符号，因为 VBS 脚本不支持任何无符号的数据类型。

亚历克斯：我启动了对象侦测器，然后单击手型图标。现在我想侦测的对象并不在当前的窗口中，怎么才能侦测到这个对象？

我：按下 Alt 和 Ctrl 组合键来暂时禁用调查模式，然后通过 Atl 和 Tab 组合键来切换窗口。一旦需要的窗口显示在最前面时，就可以按下 Ctrl 键来启动侦测模式。同样，我们还能在侦测对象前使用 Ctrl 按键来禁用调查模式，然后在应用程序上进行鼠标操作。

亚历克斯：我们能在不启动 UFT 的情况下使用对象侦测器吗？

我：不行，对象侦测器只能在 UFT 界面上使用。

亚历克斯：怎么在 WebEdit 上模拟键盘输入呢？

我：一种方法是在 Web 环境中更改回放类型设置：

```
Setting.WebPackage("ReplayType") = 2 'Mouse
Object.WebEdit("test").Set "Typing text"
```

一旦改变回放类型为 2，UFT 会模拟键盘去输入字符，而不是直接设置这个字符。

另一种方法是将焦点设置在对象上，然后在浏览器窗口上输入：

```
Hwnd = Browser().object.HWND
Object.WebEdit("test").Click
Window("hwnd:=" & Hwnd).Type "Typing text"
```

亚历克斯：UFT 的环境变量是什么？

我：UFT 提供了一个通用对象，叫环境对象。这个对象允许创建适用于活动和库的共享变量。

亚历克斯：有多少类型的环境变量？

我：有三种：内置的、内部的和外部的。

内置的环境变量是一些 UFT 自动会更新的值。它们提供了如操作系统、登录用户名、当前测试目录、当前迭代、当前操作名称等。

内部的环境变量是在设计脚本的过程中定义的变量

外部的环境变量来自于一个外部的文件。

亚历克斯：内部的变量和外部的变量还有其他区别吗？

我：有的。外部变量是只读的，而且在运行时不能改变外部变量的值。

亚历克斯：如何在运行时加载环境参数？

我：环境对象提供了一个名叫 LoadFromFile 的方法供使用。它会将变量加载为外部变量，所以这些变量无法在运行时更新。

亚历克斯：怎么才能检查环境变量是否存在？

我：针对环境对象，并没有任何方法提供使用。唯一的办法是试着去访问这个环境变量，然后检查是否有错误产生。如果错误产生，就能确定这个变量不存在。

```
On Error Resume Next
bExists = True
```

```
Err.Clear
val = Environment(key)
If Err.Number then bExists = False
On Error Goto 0
```

亚历克斯：怎么才能将环境变量导出到 XML？

我：UFT 不提供任何方法来枚举所有存在的变量，然后导出到 XML。仅有的导出方法是创建一个能写入数据到 XML 的函数，但是函数需要传入所有写入 XML 文件的环境变量的名字。

亚历克斯：你说 LoadFromFile 方法会将环境变量以只读属性加载。如果我希望这些变量改为读写属性，怎样才能实现？

我：这种情况下，我们必须使用自己的代码来读取 XML 文件，然后循环遍历每个变量并在运行时定义它们。所有在运行时创建出的环境变量将不会是只读属性了。

亚历克斯：为什么会使用环境变量以及在哪里使用环境变量？

我：它本身没有自带这方面的向导。不同的用户使用方式不一样。一些人使用它在操作与操作之间传递信息。我通常只用它来做程序或者框架的配置。举个例子，如果有一个网址，我会将它赋值到一个环境变量。我经常使用的另一个方法是不直接调用环境对象，然而，我总是调用一个支持函数（如 GetEnvironment），它能获取到环境变量的返回值。

亚历克斯：直接调用环境对象时的用处是什么？

我：我通常会采用这个办法，因为我的框架将来会有这个需求。举个例子，有时客户有这样的需求，在一个测试用例中将一个地址替换为其他不同的地址是很有必要的。这种情况下，将环境 XML 保持更新并执行这些测试用例并不是总能实现的。那么，这种情况下，我只需要将函数强化一下，首先它会检查数据中的变量，如果它存在，则数据值将会引用它。换句话说，对于那些在不同地址被调用的测试用例，我们只是在数据中添加参数名，然后只是更新包含地址的数据表格单元值，这样会增加很多定制的灵活性和可维护性。

亚历克斯：对象库是什么？

我：对象库允许用户存储一个测试对象的逻辑名称和相关的识别属性。它提供了一系列定义允许针对对象来执行脚本，并且在运行时将对象和对象库中的对象匹配起来。简单地说，一个对象库使用了一个机制，它允许 UFT 通过对象库的对象描述查找被测程序中的对象。

亚历克斯：对象库的类型有哪些？

我：UFT 支持两种类型的对象库。在一个测试中，本地对象库会在每个操作中自动被创建，而共享对象库可以关联到任何操作上。

亚历克斯：本地对象库和共享对象库的区别是什么？

我：本地对象库中的对象会从共享对象库中引用过来。因此，如果一个对象在共享对象库和本地对象库中都定义，那么 UFT 总是会从本地对象库获取对象定义。而且，两种对象库是以不同的扩展名来存储的。本地对象库存储为.bdb 文件，共享对象库存储为.tsr 文件。

亚历克斯：怎么能将本地对象库转化为共享对象库？

我：现在没有合适的工具来做这个转换，但是我们能打开测试的对象库，并导出本地对象库为共享对象库。换句话说，这个流程会比简单的转换流程步骤更多一些。

亚历克斯：哪一个更好用，本地对象库，还是共享对象库？

我：以我个人的见解，本地对象库在被测程序规模较小而且脚本代码比较少时比较有用。反之，共享对象库是推荐使用的。

而且，有些人争论使用很多可复用活动能够完全忽略创建共享对象库的必要，因为每个对象都存在于本地对象库中，只是在不同的活动中。但是，以我的观点，这更多的是个人的一种工作方式。我感觉这种方法相对于共享对象库，会产生更多的创建和维护时间。

亚历克斯：那么，当我们使用共享对象库时，会面对什么样的挑战？

我：会有很多挑战，而且很大部分是因为一个较差的对象库理念造成的。

- UFT 是以二进制格式来存储对象库的，所以使用其他工具来轻易地维护对象库是不可能的。

- 共享对象库可以通过测试来共享，但是它不能同时被多个用户所编辑。共享对象库不像 Excel 一样，能在同一时间被多个用户更新。当团队规模较大时，这将是一个巨大的瓶颈。

- 在共享对象库中，任何的错误改动都会影响所有的测试用例，并且没有任何方法可以追溯到问题根源。如果一个对象被其他人无意或有意修改了，将很难追踪。

- 没有部分加载功能。当对象库逐渐增大以及 QC 集成功能被使用时，对象库文件下载时间将显著地影响脚本的初始化时间。

- 假设每个用户都创建共享对象库并需要将它们合并在一起，那么 UFT 一次只能合并两个文件。而且，合并后的对象库必须共享成一个新文件。这样就会使合并流程非常繁琐，而且几乎不可能实现。

- 共享对象库不能与库文件关联。我们通常需要为操作关联共享对象库。如果有需要在函数库加载后执行的代码，不能使用共享对象库，因为这时还没有任何的操作加载。这就意味着共享对象库不可用，因为共享对象库是映射到操作的。

那么，当使用共享对象库时，会遇到很多挑战。

（啊……并没有想象的这么轻松）

亚历克斯：你列举了如此多的共享对象库的缺点，那么你怎么才能在你的项目中克服这些困难呢？

我：在某些项目中，我们必须解决这个问题，因为客户希望这个框架是基于对象库建立的。在一些项目中，我们会使用基于对象库的描述性编程。

亚历克斯：你能详细说一下你所说的基于对象库的描述性编程吗？

我：当然。有多种不同的描述性编程对象库可以使用。一种是通过 VBS 文件来定义全局变量，然后给它们指定描述：

```
oBrw = "title:=MyApp"
oPg = "micclass:=Page"
oTxtLogin = "name:=txt_Login"
```

在脚本中，我们能像下面一样直接使用变量：

```
Broswer(oBrw).Page(oPg).WebEdit(oTxtLogin).Set"user"
```

另一种方法是创建一个 Excel 工作表，里面存放很多关键字来匹配对象的定义：

关键字	对象的定义
oBrw	Browser("title:=Browser")
oPg	oBrw;Page("micclass:=Page")
oTxtLogin	oPg;WebEdit("name:=txt_Login")

为了利用这些关键字，在脚本中将它们加载到 Dictionary 对象中，然后创建一个 GetORObject 函数。在 GetORObject 函数中，我们拿到对象的关键字，然后解析父对象的相关依赖，最后返回对象的完整字符串定义。一旦拿到了字符串定义，使用 Eval 语句也可以用来获取对象。

因为我们使用 Excel 来存储这些关键字，他们能轻易地在多个用户之间共享，然后如果需要，使用一个数据库也能达到类似的效果。

建立一个数据库就有可能在同一时间创建多个描述更新，然后如果有这样的需求，我们就能在基于对象库的描述编程上增加更多的灵活性。

亚历克斯：那么，你最终的结论是描述性编程和对象库相比，描述性编程更好吗？

我：恩，不完全是……一旦使用描述性编程，将会有很多好的功能，但并不会让我们使用起来占上风。对象库对象识别相比描述性编程会快一些。我们会失去 IntelliSense 功能，因为它仅适用于对象库中的对象，这会增加开发脚本时的难度，因为我们需要将对象名称从 Excel 中引用，然后随着对象数量的增加逐渐增加。

这样就会产生更多错误以及增加脚本创建时间。而且，我们在描述性编程中，对象名称从 Excel 获取，而这会增加人为出错的几率和建立对象库的时间。那么，基于对象库的描述性编程是有缺点的。我通常会根据客户的需求和他们的技术能力来判断将来的维护量，从而判断使用描述性编程还是使用对象库。

亚历克斯：怎样在运行时定义一个常量？

我：可以使用 execute 语句在运行时定义一个常量：

```
X = 20
Execute "Const cX = " & X
```

亚历克斯：能把对象存储在常量中吗？

我：不能，常量只能存储数值。

亚历克斯：我想定义一个对象常量，有哪些方法？

我：一种方法是使用一个私有变量，然后创建一个函数，将变量返回给函数：

```
Private myObject
Function ConstObject()
Set ConstObject = myObject
End Function
```

这种方法 ConstObject 可以用来获取对象，但是不能赋值。

亚历克斯：我仍然能访问私有变量？

我：在类里封装变量，能解决这个问题。

亚历克斯：怎么才能实现呢？

我：参考以下代码：

```
Class MyClass
Private myObject
Public Function ConstObject()
ConstObject = myObject
End Function
```

```
End Class
```

在这个类中，变量 myObject 不能从函数外赋值。

亚历克斯：你使用过哪个字符串函数？

我：几乎都用过。

亚历克斯：你能说出它们所有的名字吗？

我：（如果你坚持要我说……）

Left, Mid, Right, Split, Join, LTrim, RTrim, Trim, Len, InStr, InStrRev, Replace, StrReverese, String，StrComp...

亚历克斯：我有一个主字符串和一个子字符串，我想查找子字符串在主字符串里面出现过多少次。你能写一些代码来实现吗？

我：可以使用 InStr 做一个循环：

```
Dim iCount, iFound
iCount = 0
iFound = 0
iFound = InStr(iFound + 1, mainStr, subStr)
While iFound <> 0
iCount = iCount + 1
iFound = InStr(iFound + 1, mainStr, subStr)
Wend
```

亚历克斯：看起来不错，你能对它进行优化吗？

我：（什么？这只是一个简单的循环，他希望能做什么优化？）

先生，这只是一个简单循环的解决方案而已，你指的是哪方面能做出优化呢？

亚历克斯：让我更正我所说的话；能不使用循环吗？

我：如果不使用循环来做，就需要使用一些内置函数。

（哪一个呢……哪一个……我想 Split 可以拿来用）

可以用 split 获取数组元素的数量：

```
iCount = UBound(Split(mainStr,subStr))
```

如果数组中同样的子字符串出现了两次，那么数组应该有 3 个子元素，而且上界为 2，所以 UBound 会返回数组的长度。

（呼！比我想象的容易……）

亚历克斯：还有另一个办法是使用 Replace 函数，你能帮我找出来吗？

我：（Replace 会替换所有出现的点，那么长度也会减少。）

是的，replace 也能正常工作。

```
iCount = (Len(mainStr) -Len(Replace(mainStr, subStr, "")))/
Len(subStr)
```

亚历克斯：在 VBS 脚本中，函数可以有可选参数吗？

我：能，但是只能部分支持。这个方法虽然不是很常用。假设有以下函数：

```
Function TestParams(A,B,C)
End Function
Call TestParams(1, 2, 3)
Call TestParams(, 2, 3)
Call TestParams(, , 3)
Call TestParams(1, , 3)
Function TestParams(A,B,C)
If VarType(A) = vbError Then
'default value of the parameter has not been passed
End If
End Function
```

但是传入函数的总的参数必须是完整的。

（我看到了他的表情，他看起来并不太确定知道这个。）

亚历克斯：如果我给你一个对象库里的对象的逻辑名称，你怎么才能获取到对象的类？

我：UFT 不支持直接获取，所以我们不得不使用变通的办法。一个方法是使用不同的测试对象类型，然后查看哪一种类型不会报错。但是，对象必须是层级中最顶端的对象。举例如下：

```
Function GetObjectClass(ByVal LogicalName)
GetObjectClass = ""
Dim arrTypes
arrTypes = Array("Browser", "Window", "Dialog", "JavaWindow")
```

```
On Error Resume Next
For each sType in arrTypes
Err.Clear
Set TempObj = Eval(sType & "(" & LogicalName & ")")
If Err.Number = 0 Then
'Match found
GetObjectClass = sType
Exit Function
End If
Next
End Function
```

另一种可行的办法是使用 XML 将对象库的信息提取出来。为了达到这个目的，前提是对象库必须是 XML 格式的，而且对象的逻辑名称必须是唯一的。

亚历克斯：怎么才能获取当前运行中的函数的名称？

我：如果我们在调试模式，在监视或者局部变量窗口中能看到当前的函数。

亚历克斯：怎么在代码中获取这个信息呢？

我：可以在函数中定义一个常量，赋值为函数的名称。

通过这个方法，就能获取到函数中相关信息。

```
Function CurrentFunction()
Const FUNC_NAME = "CurrentFunction"
End Function
```

任何情况下，我们都能通过代码来写这些信息，供给后使用，这是我们想要的。UFT/VBS 脚本不支持获取这些信息。

注释：KnowledgeInbox 的 PowerDebug 工具支持访问当前函数名称，调用函数名称，跟踪调用等功能。

```
Function ToBeCalled()
'Load the information regarding current function
PowerDebug.LoadInformation()
Print("Function=" & PowerDebug.FunctionName)
Print("Caller=" & PowerDebug.Caller)
Print("Stack Trace=" & PowerDebug.StackTrace)
Print("Current Code=" & PowerDebug.CurrentCode)
```

```
End Function
Function CallToBeCalled()
Call ToBeCalled()
End Function
Call CallToBeCalled
For more details refer to the URL
KnowledgeInbox.com/products/powerdebug/
```

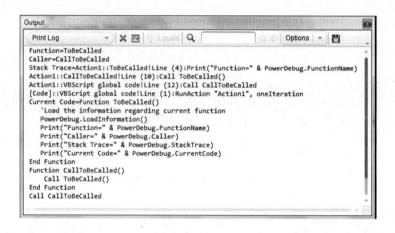

我们能通过 GetROProperty 检查最大长度以及检查是否是 5。这个决定可以写入 WebEdit 对象的最大字符数，称为最大长度。

亚历克斯：如果没有设置最大长度，但是文本框仍然不能输入大于 5 的值怎么办？

我：如果最大长度没有设置，那么文本框可以通过键盘事件来限制这个长度。

为了测试，我们使用.Set "" 清空文本，然后使用 SendKeys 发送一个长度大于 5 的文本。因为 WebEdit 不能接受任何大于 5 个长度的字符，我们可以再次读取 WebEdit 的值，然后检查它接受了多少个字符，那么将会是我们使用 SendKeys 发出的首 5 个字符。

亚历克斯：请看下面的代码，告诉我你发现了什么？

```
Dim X
Set X = New MyClass
Dim Y
Set Y = X
Dim Z
Z = X
```

我：（我心想，MyClass 在代码中不存在，他想在 Z = X 上检查或者报告错误吗？）

MyClass 在代码范围中可用吗？

亚历克斯：是的。

我：（好的，那么应该是 Z = X）

那么，在 Z = X 处应该会有错误产生。我们不能在这里使用 Set 操作。

亚历克斯：使用同样的代码不会有错误产生吗？

我：（他是考验我的吗，还是我忘掉什么东西了？）

我不这样认为。这段代码肯定会报错的。

亚历克斯：好的，你不能预知它是通过，还是失败。

现在，你能告诉我它是否通过吧？

我：（呼！我还是不明白。MyClass 是一个类，所以它的引用总会是一个对象。我有百分之百把握它不能通过。）

我不认为这段代码任何地方可以通过。

亚历克斯：好吧。

注释：Nurat 在这个问题中忽略了一个非常容易忽视的问题。面试官没有给出任何关于 MyClass 的代码。MyClass 定义会改变这段代码的结果。

假设有下列例子：

```
Class MyClass
Public Default Property Get Value()
Value = 2
End Property
End Class
Dim X
'X has the object reference to MyClass
Set X = New MyClass
Dim Y
'Y has a reference to MyClass object stored in X
Set Y = X
Dim Z
'The default Get Property is called on the MyClass object and value
```

```
property is accessed
'The below code is equivalent to Z = X.Value
Z = X
```

注释：默认关键字在 VBS 脚本中只允许在一个类中的 Get Proerty 方法上使用。

亚历克斯：UFT 提供了 Goto 语句吗？

我：没有，这是一个 VBS 脚本语言的限制。

注释：UFT/VBS 脚本没有提供 goto 语句，但是 KnowledgeInbox 的 PowerDebug 工具为 UFT 增加了这些功能。

```
'Text to be present before the tag
PowerDebug.GotoPrefix = "':"
'Text to be present after the tag
PowerDebug.GotoPostfix = ":"
'Jump tag without prefix and post fix
PowerDebug.Goto "JUMPLOCATION_NEW"
Msgbox "This message should not come because of above goto statement"
'Jump tag with prefix and postfix
':JUMPLOCATION_NEW:
Msgbox "You are here after a goto"
```

查看该产品的更多信息，请参考以下地址：

KnowledgeInbox.com/products/powerdebug/

亚历克斯：一个框架能支持的最大代码行是多少？

我：代码的行数不会因为框架而有区别。它与使用的框架类型没有关系。我们可以编写任意多行的代码。

亚历克斯：怎么才能获取一个 Web 对象的本机属性？

我：我们能在测试对象上使用'.Object'(.Object)，然后访问本地属性。

亚历克斯：如果我不想使用'.Object'属性呢？

我：那么，我们可以使用 GetROProperty 方法，但是只支持有限的部分属性。

```
GetROProperty("attribute/<name>")
```

而且，这种方法的限制还包括不能使用在 Browser 或者 Page 对象。

亚历克斯：下面的代码有什么问题，怎样去修复它？

```
Set objSearch = Browser("Google").WebButton("GoogleSearch")
Set objText = Browser("Google").WebEdit("q")
objText.Set "Test 1"
objSearch.Click
<Synchronization occurs here>
objText.Set "Test 2"
objSearch.Click
```

我：问题是 objText 和 objSearch 的复用。当我们在一个对象上进行任意操作时，通过它的引用，它创建了对象的一个直接引用。如果程序的状态变化了，直接引用就不在这个范围里了。这种情况下，在第 4 行因为我们单击了搜索按钮，所以程序状态被改变。那么，重新使用对象前，必须重新初始化它。针对 UFT10 或更高版本，可以在测试对象上使用 RefreshObject 方法来实现。

针对更低版本的 UFT，可以使用 Init 方法实现。

亚历克斯：UFT 内部是怎样识别一个对象的？这里我指的不是强制属性、辅助属性和顺序标识符。我对它内部怎么做到的更感兴趣？

我：（我如果知道这个细节，就可以编写一套自动化测试程序来与惠普竞争了）

我只能说，每种插件在 UFT 内部工作都是不一样的原理，这就是为什么 UFT 使用不同的插件来识别不同类型的对象。每一个插件都使用特定的技术来识别对象。举个例子，标准 Windows 对象使用 Windows 应用程序接口识别，Web 对象使用 DOM，.NET，JAVA 技术进行挂钩，Siebel 使用 CASCOM 应用程序接口等。但是，从逻辑上简单地猜想，内部的实现方式并不可能会与这个描述太接近。

亚历克斯：在库文件中的函数能被测试浏览或者访问吗？

我：不行。一个库文件的私有函数只能被它关联的库访问，但是不能被任何操作访问。

亚历克斯：我的测试有 3 个函数库关联：函数库 1、函数库 2、函数库 3。函数库 1 排在列表的最顶端，而函数库 3 排在列表的最底端。

函数库 1 为以下代码：

```
Msgbox "Lib1"
```

函数库 2 为以下代码：

```
Option Explicit On
X = 2
```

函数库 3 为以下代码：

```
Msgbox X
```

当运行测试后，关联的所有函数库执行后的输出是什么？

我：为了加载所有函数库，UFT 会按照从最底端函数库到最顶端函数库的顺序合并函数库。因此，合并后的代码应该如下：

```
Msgbox X
Option Explicit
X = 2
Msgbox "Lib1"
```

现在，UFT 在合并函数库时会移除所有函数库的 Option Explicit。只有当最底端的函数库有 Option Explicit 时，才会在最后合并的全局函数库顶端使用 Option Explipcit。在这种情况下，如果中间这个函数库有 Option Explicit 语句，那么也不会有任何影响。这样输出会变成一条空消息框，然后输出文字为"Lib1"。

亚历克斯：下面的代码输出的是什么？会有错误产生吗？

```
Function TestMe(A)
TestMe = A + 10
End Function
Function TestMe(ByVal A)
TestMe = A + 20
End Function
Print TestMe(20)
```

我：不会有错误产生，而且输出结果为 40。VBS 脚本允许重定义一个函数，然后运行中会使用最后定义的一个函数。

亚历克斯：你使用过 Dictionary 对象吗？

我：是的，我用它来保存键值对，而且值能通过键来查找和定位。

亚历克斯：下面的代码输出是什么？

```
Set oDict = CreateObject("Scripting.Dictionary")
oDict.Add "IN", "INDIA"
sCountryName = oDict("in")
Print "Dictionary count- " & oDict.count
Print "Dictionary Value for in- " & sCountryName
```

我：输出将会是：

```
Dictionary count-2
Dictionary Value for in-
```

亚历克斯：你能解释为什么吗？

我：我们使用了一个不同的键"in"来替换"IN"。虽然它们是同样的字符，一个是小写形式，而其他的是大写形式。我想说的是，键是大小写敏感的，而且当键在字典里面不存在时，Dictionary 对象会创建一个新的键并赋值为空。这就是为什么数量增加了 1，而且赋值为空的原因。

亚历克斯：怎么修改这段代码，才能修复这个问题？

我：我们需要加上一句代码，让键对大小写不敏感：

```
Set oDict = CreateObject("Scripting.Dictionary")
oDict.CompareMode = vbTextCompare
```

这一步必须在添加键之前。

亚历克斯：UFT 中的用户自定义函数是什么？

我：UFT 提供了一些函数，一些是 VBS 脚本的函数，然后就是我们自己定义的函数。所有，我们写的函数都被叫作用户自定义函数。

亚历克斯：不，我想说的不是这个。你听说过 RegisterUserFunc 函数吗？

我：是的，RegisterUserFunc 函数允许我们重写测试对象方法或者为测试对象添加自定义方法。

亚历克斯：怎么才能使用这种方法在 WebEdit 中将输入字符都变成大写形式？

我：我们要创建一个新的 Set 函数，然后在设置目标值前更新为大写形式：

```
Function NewSet(Obj, Text)
Obj.Set UCase(Text)
End Function
RegisterUserFunc "WebEdit", "Set", "NewSet"
```

现在，任何时候我们使用 UFT 的 Set 方法时，它会自动调用我们的 NewSet 方法。

亚历克斯：我们能使用 RegisterUserFunc 函数为 Reporter 对象添加一个新的方法吗？

我：不行，RegisterUserFunc 只能在 UFT 的测试对象上工作，而不能在通用对象或者其他对象上工作。

亚历克斯：我有一个脚本 A 包含了操作 A 和函数库 A。我有另一个脚本 B 包含了操作 B 和函数库 B。现在我在操作 B 中调用操作 A。操作 A 在脚本 A 中是可重用的。这样调用能正常工作吗？

我：是的，这样调用没问题，但是操作 A 是否会执行成功，会依赖于函数库 A。当调用外部操作时，测试不会继承外部测试的函数库文件，所以如果外部操作使用了函数库 A 的函数，而且这些函数在函数库 B 中不可用，那么就会导致测试失败。

亚历克斯：你用过 DotNetFactory 吗？

我：是的，它是在 QTP 9.2 中首次引入的。它是一个容易上手的通用对象，允许我们在 UFT 中创建和访问.NET 类的对象。

注释：DotNetFactory 在 QTP 9.1 及以上版本中适用。

亚历克斯：你是怎么使用它的？

我：DotNetFactory 对象提供了一个方法叫 CreateInstance，它最多能传递 3 个参数。第一个是 TypeName，第二个是 Assembly 名称或者位置，最后一个是结构体（如果有）。

亚历克斯：你会在哪些实际情况下使用这些？

我：他们会有不同的使用方法。一种是使用默认的.NET 类，如数组、栈和队列等。这将节省我们在 UFT 中写很多代码来支持类似数据结构的时间。

另一个好处是，当 UFT 完成不了一个工作，但是需要如.NET 这样的强编程语言可以实现时，这种情况下我们可以使用.NET 语言创建一个动态链接库，然后使用 DotNetFactory 实例化对象。这个方法，我们就能调用动态链接库中的方法，然后完成一些 UFT 不可能完成的复杂工作。换句话说，为了使用自定义的.NET 动态链接库，不需要在 Windows 注册表中注册程序集。我们能使用 UFT 中的 CreateInstance 来直接绑定程序集，而不是使用类似 Regasm.exe 这样的通用程序来注册全局的动态链接库。

亚历克斯：DotNetFactory 有哪些局限？

我：DotNetFactory 是基于反射技术的。它能在调用时查找程序集中的方法，这表示调用对象时在方法中引入了一些开销，所以在一个大的循环中使用.NET 对象会影响脚本的性能。

另一个限制是在一个类上没有办法调用一个静态的方法。

DotNetFactory 只能工作在类的对象中。

还有一个限制是关于 UFT 的集成开发环境的，那就是 IntelliSense。UFT 10 和更高版本中提供了使用 CreateObject 创建对象的 IntelliSense，但是并不适用于 DotNetFactory。

亚历克斯：下面的代码有什么问题：

```
Browser("Yahoo").Navigate "www.google.com"
Browser("Yahoo").Sync
```

我：因为 Yahoo 仅仅是一个逻辑名称，所以我没有看到任何问题，我们仍然可以测试 Google 网站。唯一要注意的是，我们使用的是标题，而不是 CreationTime 来识别浏览器，所以可能会出现问题。

亚历克斯：假设有一个程序包含了 10 个不同的页面，使用对象库，我能使用同样的 Browser 和同样的 Page 对象来调用 10 个页面下的所有对象吗？

我：是的。使用下面的方法是有可能的：

- Browser 和 Page 对象中使用正则表达式.*描述 CreationTime 属性。

- Browser 和 Page 对象使用一个正则表达式。

- Browser 对象使用 CreationTime 属性，而且所有对象都移动到 Browser 对象下面。这种情况下，Page 对象不是用来构建对象层级关系的。

- Browser 对象使用正则表达式，而且所有对象都移动到 Browser 对象下面。

亚历克斯：我想运行操作中不连续的代码行，而不是一整段代码行，我需要怎么做？

我：我现在能想到的实现方法有两种：

- 一种是为 DataTable 添加参数，然后设置是/否标志。如果需要，在检查标志后，就使用 ExitActionIteration 函数。

- 另一种是在任意数组中取迭代数，然后在循环里运行。在循环中，可以调用 RunAction 方法，然后运行操作的一个单循环的指定的某一行。

亚历克斯：怎么才能找到 DataTable 中一行数据的行号？

我：不幸的是，UFT 没有提供 DataTable 这方面的任何方法，那么我们只能通过一个循环来找到这个值。下面的代码可以为 ColumnA 中的所有行找到指定的值：

```
For i = 1 to DataTable.GetRowCount
If DataTable.GlobalSheet.GetParameter("ColumnA").ValueByRow(i) =
"SearchValue" Then
Msgbox "Value found"
Exit For
End If
Next
```

亚历克斯：UFT 中怎么连接数据库？

我：与 VBS 脚本中一样可以实现。我们使用 CreateObject 方法创建一个'ADODB.Connection'，然后打开一个需要连接的数据库的连接。

亚历克斯：你能告诉我怎么连接一个 Oracle 数据库吗？

我：我不记得字符串的格式了，但是我通常会使用两个办法来找到类似的字符串：

• 参考 www.connectionstrings.com 网站写字符串。

• 在桌面上创建一个 UDL 文件，然后配置它来连接一个数据库，一旦数据库连接成功，只需要使用记事本打开这个 UDL，就能获取到连接字符串了。

亚历克斯：UFT 中能比较两个数据库吗？

我：可以。但是需要一些能够在 RecordSet 中比较两个记录的函数。而且，如果在表格中没有主键或唯一键来识别记录，会使复杂性增加。这是因为如果一个表格中有 4 条记录，而 3 条记录，在其他地方，那么只是在报告中讲述有一个不匹配的情况不会对评估有什么帮助，因此需要从原始表中获取一条记录，然后使用主键或唯一键合并来获取目标表格中的详细记录，最后作比较。

另一件我想提到的事是，我们不需要在这里使用 UFT，只需要使用 VBS 脚本来实现。

亚历克斯：什么是正则表达式？

我：正则表达式是一些特殊的字符，用来匹配目标字符串的一种样式。

亚历克斯：如果想匹配一个数字，应该使用什么正则表达式？

我：有两种方法来实现：

一种是假设都是介于 0～9 之间的数字：[0-9]+

另一种是使用特殊样式的字符来匹配数字：\d+

亚历克斯：你能举个关于 UFT 中何时使用以及为何使用正则表达式的例子吗？

我：正则表达式可以用作不同的意图。一种是当识别一个对象时，假设我们有一个 Window，它的标题是 "My Test App–ag8898"，而 ag8898 是程序中树上面当前选择点的节点名称，而且它是一个动态变化的值。如果切换到树上不同的节点，Window 的标题会发生变化。这种情况下，为了识别 Window 的标题全称，可以使用正则表达式来代替动态文字。这种情况下的样式可能是 "My Test App - .*"，其中点表明任意字符，星表明该字符可以重复任意多次。

另一个正则表达式适用于抽取或清理数据。

假设有一个字符串 "1，2a2b3 cr"，然后我想抽取里面的数字。这种情况下，可以使用一个样式来匹配非数字 "[^\d]+"，然后使用空字符来替代它们。

```
strText = "1, 2a2b3 cr"
Set oReg = new RegExp
oReg.Pattern = "[^\d]+"
oReg.Global = True
Msgbox oReg.Replace(strText, "")
```

亚历克斯：什么是 Smart Identification？

我：Smart Identification 是 UFT 的一个功能，它能够在运行或者高亮无法识别一个对象时被 UFT 使用。

亚历克斯：你提到了高亮，能具体谈谈吗？

我：我的意思是当你高亮一个对象库的对象时，如果 Smart Identification 启用，UFT 就能使用它。

亚历克斯：好的，继续……

我：Smart Identification 使用了两套属性：一个是 base filter 套件；另一个是 optional filter 套件。当 UFT 不能识别一个对象时，它会启用 Smart Identification 算法，然后从 base filter 获取所有属性，而且检查匹配属性的数量。如果没有一个属性唯一匹配，那么 UFT 会从 optional filters 中一个一个来获取属性，直到找到一个属性唯一匹配为止。

亚历克斯：如果添加一个对象到对象库，而且保留两个属性来识别，UFT 在 Smart Identification 中怎么知道使用的是其他属性？

我：当添加一个对象到对象库时，UFT 也会记住所有其他属性的值。它们都是在对象库中隐藏的，而且可以在对象库导出为 XML 格式时看到。这就是为什么 Smart Identification 只能在对象库中的对象上工作，而描述性编程却不行。

亚历克斯：Smart Identification 可以让我们在对象轻微变化的情况下继续运行测试。为了让测试健壮性更高，需要启用 Smart Identification。你对这个的看法是什么？

我：我绝不会在盲目的情况下去猜结果。使用 Smart Identification 就像是把自己蒙起来，使自己被错误蒙蔽。我完全反对这个方法，因为它有可能导致一些代码很难调试的问题。它同样也会在脚本中创建一些错误的结果，如当对象不存在时，却报告为对象存在。

亚历克斯：运行时怎么禁用 Smart Identification？

我：有两种可行的方法。一种是使用 UFT 自动化对象模型来禁用它；另一种是使用 Setting 对象来更新 DisableReplayUsingAlgorithm 的值为 1。

注释：可以使用下列代码来禁用 Smart Identification：

```
Setting("DisableReplayUsingAlgorithm") = 1
'or using AOM code
CreateObject("QuickTest.Application").Test.Settings.Run.
DisableSmartIdentification = True
```

亚历克斯：假设必须在一个星期内自动化 15000 个手工测试用例，你会怎么做？

我：自动化的一个关键是基于功能的，我们可能仅需要 100 个脚本来支持 15000 个手工测试用例。唯一需要改变的事情是灌入这些脚本的数据。因此，自动化 15000 个测试用例只能在开发脚本的数量很小的情况下实现。对于这样一个挑战，首要任务是分析需要开发多少独立的脚本。一旦确定了数量，就能确定哪些脚本需要先开发。虽然我需要保证完成了一个任务，就是我们由一个框架来快速地完成这件事。

亚历克斯：UFT 怎么测试 PDF 文件？

我：UFT 支持使用文本文件检查点来测试 PDF 文件中的文字。但是，UFT 没有直接的应用程序接口来测试 PDF 中的非字符内容，如图像、布局等。

亚历克斯：UFT 支持测试 Siebel 程序吗？

我：是的，UFT 支持 Siebel 测试。但是，有两个前提条件：一个是 STA 必须在 Siebel 服务器上启用；另一个是 UFT 的 Siebel 插件必须启用。

亚历克斯：我只是加载了 Siebel 插件，而没有加载 Web 插件。我能识别 Siebel 程序浏览器对象吗？

我：是的，Web 和 ActiveX 插件会随着 Siebel 插件自动加载的。

亚历克斯：什么是 Siebel Test Express？

我：Siebel Test Express 是对象库管理器中的一个选项。它允许连接到 Siebel 数据库，然后将所有对象一次性导入对象库。这种情况，我们不需要打开应用程序去添加对象了。但是，使用这种方法会导致对象库中产生很多不会用到的对象，它们永远不会被测试用到。

亚历克斯：你在 Siebel 程序上测试遇到了哪些挑战？

我：我遇到的最有疑问的事情是当对象不在屏幕上时，会间歇性地报错。一旦发生，它会使我去运行 30 次同样的脚本来找出问题所在。实际上是因为在当前页面视图上对象不存在。不过，总算我们通过增加分辨率来解决了这个问题。

另一个问题是在列表小程序中查找一个子节点，因为我们不得不展开每个节点，然后才能查找值。问题就是查找一个值。我们可以通过循环来做，但是性能很差，而且没有其他办法来解决性能问题。

另一个问题是当工作在列表小程序中的子项时，因为不能直接添加到对象库，所以我们不得不手工定义这些对象。而且，因为 CAS 应用程序接口，我们不能在列表小程序上使用描述性编程。

另一个问题是关于模式对话框的，当单击一个按钮，而程序没有返回控制权到脚本时，会导致一个超时错误。对于这种情况，有两种解决方案：一种是使用 Web 测试对象替代 Siebel 对象，而其他对象则使用 DeviceReplay 来单击。

我们遇到的就是这些主要问题。

亚历克斯：对于数据驱动测试，你更偏向于使用 DataTable，还是 Excel 表格？为什么？

我：我的偏爱是越简单越好。因此，如果使用 DataTable 能满足需求，那么就不会使用 Excel 表格。

如果我的需求是信息需要在同一时间内被多个其他测试共享，那么我会选择使用 Excel 数据表。而且，如果有类似颜色、格式等的需求，我会更趋向于用 Excel。

亚历克斯：在敏捷环境中有一个程序。每天都会添加或删除一些内容。对象变更和流程变更比较频繁。你会怎么自动化测试这个程序？

我：这个程序破坏了所有自动化所必要的先决条件。需求不稳定，则需要更多的维护。这代表每天脚本或者对象都可能需要更新，将会是一笔高额开销。因为自动化团队会在更新脚本和 GUI 对象上花费更多的时间，相比较运行脚本找缺陷而言。

亚历克斯：先忽略这些，如果我坚持想用自动化，你会怎么做？

我：这个程序需要一个框架来支持。它需要具有高可维护性。这种情况下，我会将数据都写到 Excel 文件或者数据库中。所有的对象定义、脚本工作流定义等应该存储到 Excel 中。UFT 脚本会完全被外部的 Excel 文件驱动，而且这些文件能够方便地使用关键字更新。每个关键字会在全局函数库文件里面映射到一个函数。当工作流变化时，新的函数能自动创建，然后加入到框架中，它们可以在脚本的 Excel 文件中被调用。但是，我认为开发人员介入这个事情来一起做会更简单些。

亚历克斯：你已经在 QC 中执行了测试，被测程序是一个 Web 程序，你怎么能确定 QC 浏览器不会干扰到你的脚本运行？

我：自从 UFT 9.x 版本开始，在 Tools->Options 中有一个选项是配置是否忽略 QC 浏览器。默认情况下，这个选项是选中的，也就是忽略 QC 的。这样，我们就不用担心额外的 QC 浏览器了。

亚历克斯：假设运行一个 QC 中的测试，包含有以下代码：

```
For i = 0 to 1000000
Reporter.ReportEvent micPass, "i=" & i, "i=" & i
Next
```

现在当脚本运行时用户单击了停止按钮，那么这个脚本在 QC 中的状态会是什么？会是"Failed"，"Passed"，还是"Not Completed"吗？

我：如果在运行中终止了测试，那么 UFT 会根据当前脚本的状态来更新测试状态。如果测试在这之前已经失败了，那么状态会报告为"Failed"。这种情况下，如果测试只有一个"Passed"状态，测试在 QC 中就会显示为"Passed"。

亚历克斯：这难道不是一个问题吗，一个没有完成运行的测试也会报告为通过吗？

我：是的，但是它就是这样工作的。虽然作为一个用户，我希望 HP 能改变这种状态，显示为"Not Completed"等之类的最好。

亚历克斯：你能想到一个解决方案吗？当用户终止了运行，测试将会失败。

我：无论测试是否被手工终止或者是否成功运行完成，所有创建的全局的类对象都会被销毁。这代表的意思是，每个在会话中执行的类的 Class_Terminate 析构函数会被触发。因此，可以创建一个类，来检查用户是否停止了测试。

```
Class CheckUserAbort
Sub Class_Terminate()
If IsTestAborted() Then
Reporter.ReporterEvent micFail, _
"The test has been stopped by the user", _
"The test has been stopped by the user"
End If
End Sub
End Class
Dim CheckAbort
CheckAbort = New CheckUserAbort
```

现在，我们需要申明 IsTestAborted 方法。为了实现，可以在一个关联的函数库中使用以下代码：

```
Dim IsAborted
IsAborted = True
Function IsTestAborted()
IsTestAborted = IsAborted
End Function
Now we can update the code of test as:
For i = 0 to 1000000
Reporter.ReportEvent micPass, "i=" & i, "i=" & i
Next
IsAborted = False
```

这样，当用户终止运行中的测试时，IsAborted 标记会保持为真，而且 Class_Terminate 事件会捕捉到，测试会失败。

亚历克斯：但是，当你的测试中有多个迭代或多个退出点时，你的方法就会失败吗？

我：（天哪……我忘了我面对的是一个完美主义者了。）

为了防止迭代问题，设置标记前，应去检查是否当前是最后的迭代。

```
'Check if current iteration is also the last iteration
If Environment("TestIteration") = Setting("LastGlobalIteration")
Then
IsAborted = False
```

```
End if
```

亚历克斯：你还能想到这种方法不能工作的场景吗？

我：（这个方法很难找到缺陷……让我好好想想）

如果运行时导入 DataTable，就会导致失败。因为这时（"LastGlobalIteration"）设置不会更新为新的值。

亚历克斯：你有方法来修复这个问题吗？

我：我需要在 UFT 中尝试一些代码，而且我需要 10～15 分钟的时间。

亚历克斯：好的，你可以使用你前面的这台笔记本。

我：（我记得我读过 "QuickTest Professional Unplugged" 这本书，里面讲到一些未公开的技术来枚举 Setting 变量。我想那是我最后修复这个问题的机会了。我零碎地记得这段代码，但是还是花了 10 分钟，最终才得到正确的函数。）

```
'ObjSetting is of Type
Public Function EnumerateSettings(objSetting)
'Get arrays of key
vKeys = objSetting.Keys
'Get the 2nd dimenstion of the Keys array
i_Count = UBound(vKeys,2)
On Error Resume Next
'Loop through all the keys and get the details
For i = 0 to i_Count
DataTable("Key",dtGlobalSheet) = vKeys(0,i)
DataTable("Value",dtGlobalSheet) = objSetting.Item(vKeys(0,i))
DataTable("Type",dtGlobalSheet) = TypeName(objSetting。
Item(vKeys(0,i)))
DataTable.GlobalSheet.SetCurrentRow i+2
Next
End Function
```

我将先前的类代码修改如下：

```
Class CheckUserAbort
Sub Class_Terminate()
Call EnumerateSettings(Setting)
End Sub
End Class
```

```
Dim CheckAbort
CheckAbort = New CheckUserAbort
```

我运行了两次测试：一次让它运行完成；另一次半途终止它运行。这个办法是为了查看未公开的 setting 变量能否检查中途终止的场景。我从测试结果保存了运行时的 DataTable，然后与当我们终止一个测试时的 DataTable 进行比较，发现在结果中有一些名叫"onabort"的有趣的东西，值为 False，而在其他地方为 True。我想，我找到了一个解决方案。UFT 有一个未公开的变量 Setting（"OnAbort"），它能在用户终止测试时设置为 True。更新后的代码如下：

```
Class CheckUserAbort
Sub Class_Terminat()
If Setting("OnAbort") Then
Reporter.ReporterEvent micFail, _
"The test has been stopped by the user", _
"The test has been stopped by the user"
End If
End Sub
End Class
Dim CheckAbort
CheckAbort = new CheckUserAbort
```

（我知道，我发现一些以前从来没有用过的东西)，甚至亚历克斯看上去都被这个解决方案震惊了。我很高兴，非常仔细地阅读了 UFT unplugged，否则也不可能找到这个解决方案。）

亚历克斯：在 UFT 中，你怎么识别一个 WebElement 的颜色？

我：UFT 中没有这样的测试对象属性，我们需要使用文档对象模型来替代。可以使用 currentStyle 对象，它可以提供访问样式表的值，而且访问颜色属性：

```
.WebElement().object.currentStyle.color
```

亚历克斯：现在有样式对象也能支持，为什么你在这里使用 currentStyle？这两个有什么不一样的？

我：有的，使用 currentStyle 有它的理由。假设有以下 HTML：

```
<div style="display: none;">
<span style="color: red;">Test</span>
</div>
```

在 SPAN 元素上的 Style 对象将只会展示那些元素指定的属性。它们不是指示那些可能继承于其他父对象的样式，但是 currentStyle 提供了所有该元素级联的样式的信息。

亚历克斯：下面的代码输出的是什么？

```
Set oDic = CreateObject("Scripting.Dictionary")
oDic.Add "IN", "India"
oDic.Add "DEL", "Delhi"
oDic.Add "PUN", "Pune"
allKeys = oDic.Keys
Dim arrVals
For i = Lbound(allKeys) to UBound(allKeys)
ReDim arrVals(i)
arrVals(i) = oDic(allKeys(i))
Next
Msgbox Join (arrVals, ",")
```

我：让我仔细检查检查。

输出将会是"Pune"。原因是：在循环中，我们每次都会调整数组的大小，但是不能使用 ReDim Preserve 来保留旧的数值。因此，每次调整大小时，值都会清空，而且数组有空的元素。但是，当最后的迭代被执行时，调整大小操作不会发生，最后的字典的键会在最后一个数组元素中保持不变。

亚历克斯：怎么能获取到最顶端的窗口的标题？

我：最顶端的窗口有一个属性为 foreground，并设置为 True。那么，我们可以使用同样的办法来识别窗口。

```
Msgbox Window("foreground:=True").GetROProperty("title")
```

亚历克斯：你现在有一个程序使用了'Always on Top'功能。它的意思是在任何时间，程序都不允许其他窗口在它顶端显示。同时，你也写好了一个 UFT 的脚本。你怎么调试它呢？

我：如果一个窗口保持在顶端，可以将窗口调小一些，然后通过 UFT 来调试测试。如果因为不允许调整大小而不能实现，可以最小化程序，然后调试脚本。而且，另一个选择是使用双显示器。

亚历克斯：UFT 支持双显示器吗？

我：UFT 11 官方支持双显示器，但是如果是低版本的 UFT，则需要将被测程序放到主显示器上，而我们可以将 UFT 放到任意一个显示器上。

亚历克斯：怎么关闭最后打开的浏览器？

我：浏览器的数量可以通过桌面对象的 ChildObjects 来获取：

```
Set oBrwDesc = Description.Create
oBrwDesc("micclass").value = "Browser"
Set oBrowsers = Desktop.ChildObjects(oBrwDesc)
Now to close the browser we have two ways
oBrowsers(oBrowsers.Count-1).Close
```

或者使用 creationtime 属性：

```
Browser("creationtime:=" & oBrowsers.Count - 1).Close
```

亚历克斯：有一个程序包含了一个大于 10000 行记录的排过序的表。现在你想在表里查找一个固定的值，考虑到这么多行数据可能引起的性能问题，最好的办法是什么？

我：因为列表已经排过序了，而且我们需要更好的性能，我猜想可能需要从列表中间开始二进制查找。这种情况下，如果被查找到的值大于中间以后的值，就继续查找列表的右边，反之，查找列表的左边。代码如下：

```
iStart = 1
iEnd = ...WebTable().RowCount
Do While iStart < iEnd
iMiddle = (iStart + iEnd) \ 2
value = WebTable.GetCellData(1, iMiddle)
iCompare = StrComp(value, strFind)
If iCompare = 0 Then
'Exact match has been found
Msgbox "Value found at- " & iMiddle
Exit Do
ElseIf iCompare = 1 then
'Value is greater than strFind
iEnd = iMiddle-1
Else
'Value is less than strFind
iStart = iMiddle + 1
End If
Loop
```

亚历克斯：我的程序中有一个 WebTable，而且我想在值为"INDIA"的第 4 列中打印所有行。你会怎么做？

我：WebTable 对象提供了一个方法，叫 GetRowWithCellText。它能返回包含有一个指定文字的行的行号。GetRowWithCellText 的语法如下：

```
WebTable("").GetRowWithCellText(Text, Column, StartFromRow)
```

也可以这样使用。代码如下：

```
Set oTable = ...WebTable("Table")
iFound = 1
While iFound <> -1
iFound = oTable.GetRowWithCellText("INDIA", 4, iFound)
If iFound <> -1 Then Print "Found text at row- " & iFound
Wend
```

亚历克斯：你说你主要的工作是在 Web 自动化方面，因此你肯定也应该知道 HTML 文档对象模型功能了？

我：是的，我知道。

亚历克斯：好的，告诉我一些用来通过名称获取一个对象的方法？

我：通过名称获取对象的方法有两个：

```
Browser().object.document.GetElementsByTagName("Name")
Browser().object.document.all("Name")
```

亚历克斯：那么，现在告诉我通过 id 获取一个对象的方法？

我：同样，也有两个通过 id 获取对象的方法：

```
Browser().object.document.GetElementById("id")
Browser().object.document.all("id")
```

亚历克斯：GetElementById 和 GetElementsByTagName 函数之间的差别是什么？

我：GetElementById 返回的是关联指定 ID 的对象，而 GetElementsByTagName 返回的是关联指定名称的对象的全部的集合，哪怕这个对象只有一个。

亚历克斯：当关联同样 id 的对象有多个时，会发生什么，GetElementById 会返回什么？

我：它会返回关联 id 的第一个对象。

亚历克斯：你前面提到'全部的'集合，当有多个名称时，使用这种方法会发生什么？

我：这种情况会返回匹配这个名称或 id 的对象的合集。那么，如果有两个名称都为"test"的对象，而且一个对象的 id 为"test"时，就会返回 3 个对象。

亚历克斯：你会使用 GetElementsByName 方法返回的对象集合做什么？

我：有两个选择。既可以使用一个 For 循环，也可以使用一个 For Each 循环。假定 oCol 是返回的集合：

```
For i = 0 to oCol.length-1
sHTML = oCol(i).outerHtml
Next
```

或者，

```
For Each oObj in oCol
sHTML = oObj.outerHTML
Next
```

亚历克斯：怎么在一个指定的对象上触发一个事件？

我：一旦有一个对象引用，可以直接在对象上调用事件或者使用 FireEvent 来触发一个事件。假定 oObj 有对象引用，可以使用：

```
oObj.ondblclick
```

或者，

```
oObj.FireEvent "ondblclick"
```

亚历克斯：假定针对一个指定的 HTML 节点有一个对象引用，在 HTML 树上的某个地方有 TABLE 节点，我怎么能获取到这个 TABLE 节点的引用呢？

我：在文档对象模型中，每个HTML节点支持一个叫tagName的属性。因此，可以使用tagName 检查标签的名称。假定 oNode 是实际的对象，引用我们能使用对象的 parentNode 属性：

```
Dim oParent
Set oParent = oNode
Do
Set oParent = oParent.parentNode
Loop While oParent.tagName <> "TABLE"
```

因此，在循环的末尾，oParent 会包含 TABLE 对象节点。

亚历克斯：怎么能找到一个带有 alt 属性且值为 continue 的图片？

我：图片对象上会使用 IMG 标签，因此可以使用下面的代码来循环所有这类的对象：

```
Set allIMG = Document.GetElementsByTagName("IMG")
Dim oIMGFound
For i = 0 to allIMG.length-1
If allIMG(i).alt = "Continue" then
Set oIMGFound = allIMG(i)
Exit For
End if
Next
```

亚历克斯：怎么获取到 TABLE 节点对象的指定的单元格内容？

我：一个表格对象有一个行的集合，它能代表表格中的行，每个行拥有一个单元格集合。为了访问单元格中的内容，可以使用这两个集合：

```
cellContent = oTable.Rows(iRow-1).Cells(iCol-1).outerText
```

亚历克斯：之前我们提到过 GetRowWithCellText 方法，你能创建一个类似的方法吗，它能代替单元格文字，获取这个行的文字。并且，它会支持正则表达式。

我：我们只能使用文档对象模型。首先需要一个函数来测试正则表达式：

```
Function IsRegEqual(Text, Pattern, IgnoreCase)
Dim oReg
Set oReg = New RegExp
oReg.Pattern = Pattern
oReg.Global = True
oReg.IgnoreCase = IgnoreCase
IsRegEqual = oReg.Test(Text)
End Function
```

现在，我们创建了一个函数来迭代每一行，然后在匹配样式的情况下检查文字：

```
Function GetRowWithRowText(oTable, Text, StartFromRow)
Dim oTableDom
'Get the DOM Object from the WebTable object
Set oTableDom = oTable.Object
```

```
'Use -1 to search in all rows
If (StartFromRow = -1) Then
StartFromRow = 0
Else
'UFT indexes are 1 based and DOM are 0 based
StartFromRow = StartFromRow - 1
End If
Dim iRow, sRowText
For iRow = StartFromRow to oTableDom.Rows.length - 1
'Get the text of the row
sRowText = oTableDom.Rows(iRow).outerText
If IsRegEqual(sRowText, Text, True) Then
'We have found the row, return it
GetRowWithRowText = iRow + 1
Exit Function
End If
Next
'No row found
GetRowWithRowText = -1
End Function
RegisterUserFunc "WebTable", "GetRowWithRowText", "GetRowWithRow-
Text"
```

亚历克斯：你也可以为 WebList 创建一个自定义方法来根据样式选择数值吗？

我：WebList 文档对象模型对象支持一个 Options 集合，它允许访问 WebList 的所有元素：

```
Function SelectUsingPattern(oWebList, Text)
Dim oListDom
'Get the DOM object of WebList
Set oListDom = oWebList.Object
Dim i, sOptionText
For i = 0 to oListDom.options.length - 1
sOptionText = oListDom.Options(i).Text
'Check if value matches the pattern
If IsRegEqual(sOptionText, Text, True) Then
oListDom.Options(i).Selected = True
Exit Function
End if
```

```
Next
End Function
RegisterUserFunc "WebList", "SelectUsingPattern", "SelectUsingPattern"
```

亚历克斯：怎么才能在当前打开的 Web 页面上执行一些 JavaScript 脚本？

我：文档对象模型中的窗口对象有一个 execScript 方法，可用来执行 JavaScript 脚本：

```
oDocument.parentWindow.execScript "function sum(x,y) {return x+y; }"
Note: We can also use the method on the Browser object or
RunScript method on the Page or Frame object.
```

亚历克斯：好的，这里你定义了一个函数，但是怎么调用它呢？

我：使用 execScript 创建的变量或者函数能使用 parentWindow 对象本身访问。可以调用我们刚才创建的 Sum 函数：

```
MsgBox oDocument.parentWindow.Sum(2,3)
```

亚历克斯：怎么能使用文档对象模型来计算一个 Web 页面的链接数量？

我：有两种办法：一种是使用链接集合；另一种是使用 GetElementsByTagName：

```
Cnt = Browser("").Page("").object.links.length
```

或者

```
Cnt = Browser("").Page("").object.getElementsByTagName("A").length
```

亚历克斯：你在谷歌搜索时见过自动建议列表吗？

我：是的。见过。

亚历克斯：你曾经对这个建议列表进行自动化选择吗？

我：没有，我只是在搜索时用到这个功能，但并没有去研究它的自动化。

亚历克斯：你使用 UFT 处理过文件吗？

（我不知道我这次能否幸免。我确定下一个问题将是怎么去自动化搜索框。）

我：是的。可以使用'Scripting.FileSystemObject'处理文件。

亚历克斯：你怎么实现将一个文件的内容复制到另一个文件中？

我：可以使用 CopyFile 方法实现：

```
Set FSO = CreateObject("Scripting.FileSystemObject")
FSO.CopyFile "C:\File.txt", "C:\FileCopy.txt", True
```

亚历克斯：这是默认的方法。我希望你先从文件内容开始读取，然后写到另一个文件中。

我：可以这样做：

```
Set FSO = CreateObject("Scripting.FileSystemObject")
'Read the file content
Set oFile = FSO.OpenTextFile("C:\File.txt")
Dim sFileContent
sFileContent = oFile.ReadAll
oFile.Close
'write the file content to a new file
Set oFile = FSO.CreateTextFile("C:\FileCopy.txt")
oFile.write sFileContent
oFile.Close
```

亚力克斯：怎么实现从文件中一行一行地读取到一个数组？

我：可以使用 ReadLine 方法实现：

```
'Read the file content
Set oFile = FSO.OpenTextFile("C:\File.txt")
ReDim sFileLine(-1)
While Not oFile.EOF
'Increase the array size by 1 and preserve all previous lines
ReDim Preserve sFileLine(UBound(sFileLine) + 1)
sFileLine(UBound(sFileLine)) = oFile.ReadLine
Wend
```

亚历克斯：你的代码使用了太多的 ReDim Preserve，能优化一下吗？

我：可以读取整个文件，然后分割为行：

```
Set oFile = FSO.OpenTextFile("C:\File.txt")
Dim sFileLine
sFileLine = Split(oFile.ReadAll, vbNewLine)
oFile.Close
```

亚历克斯：怎么实现打印一个文件夹中的所有子文件夹的名称？

我：可以先使用 GetFolder 方法来获取 Folder 对象，然后使用 SubFolders 集合枚举每个子文件夹。

```
Set FSO = CreateObject("Scripting.FileSystemObject")
Set oFolder = FSO.GetFolder("C:\Windows")
For each oSubFolder in oFolder.SubFolders
Print oSubFolder.Name
Next
```

亚历克斯：怎么打印所有的文件名称？

我：为了替换 SubFolders 集合，可以使用 Files 集合：

```
Set FSO = CreateObject("Scripting.FileSystemObject")
Set oFolder = FSO.GetFolder("C:\Windows")
For each oFile in oFolder.Files
Print oFile.Name
Next
```

亚历克斯：怎么查找一个文件是否包含特定文字？然后，怎么才能替换这段文字为新的内容？

我：为了检查内容是否存在，可以读取内容，然后使用 InStr 方法。为了替换它，可以使用 Replace 函数。

```
'Read the file content
Set oFile = FSO.OpenTextFile("C:\File.txt")
Dim sFileContent, bFound
sFileContent = oFile.ReadAll
oFile.Close
sSearchText = "test"
sSearchReplace = "Best"
'if non-zero then the text is Found
bFound = InStr(sFileContent, sSearchText) <> 0
sFileContent = Replace(sFileContent, sSearchText, sSearchReplace)
'Write the replaced content back to file
Set oFile = FSO.CreateTextFile("C:\File.txt")
oFile.write sFileContent
oFile.Close
```

亚历克斯：怎么在 C:下面的任意文件夹中找一个名字为 MyFile.txt 的文件？

我：可以创建一个函数来查找文件，然后在子文件夹中递归。

```
Function SearchFolder(objFolder, FileName, Recursive)
Dim oFile, oSubFolder
For each oFile in objFolder.Files
If oFile.Name = FileName Then
'Found the file print the name
Print "File found at - " & oFile.Path
'No more files with same name can exist
Exit For
End if
Next
If Recursive Then
For each oSubFolder in objFolder.SubFolders
'Check in sub folders as well
Call SearchFolder(oSubFolder, FileName, Recursive)
Next
End if
End Function
Set FSO = CreateObject("Scripting.FileSystemObject")
'Get the root folder C:\
Set oRoot = FSO.GetDrive("C:").RootFolder
Call SearchFolder(oRoot, "File.txt", True)
```

亚历克斯：这样，如果文件夹深度很深，就会耗费很长时间。你能找出一个解决方案，使你不再用循环搜索每个文件夹，而且性能也会得到提高？

我：（我听到这个被难住了，因为我不敢想象用其他代码可以实现在更短时间内查找一个文件。）

为了实现快速查询，我们可能需要构建一个包含所有文件的自定义数据库，然后在它上面作查询。

亚历克斯：你在保持文件系统同步上遇到过问题吗？

我：是的。

（我不知道他想在我这里获取什么信息。我已经完全没头绪了。）

我不太清楚需要做什么。我知道，Windows 提供了某些应用程序接口，如 FindFirstFile、

FindNextFile。但是，我从没使用过这些应用程序接口，而且它们使用了结构体，所以可以确定的是，它们不能在 UFT 中使用。

注释：Nurat 认为通过数据库查询文件名称是一个正确的思路，但是创建这个数据源时不需要的。WMI（也称 Windows 管理体系结构）提供了一个在 Windows 管理体系结构的类上触发 SQL 查询，并且返回一个对象集。为了在 C:中查找一个文件而不使用循环，可以使用下列代码：

```
Set objWMIService = GetObject("winmgmts:\\.\root\cimv2")
Set colFiles = objWMIService.ExecQuery _
("Select * from CIM_DataFile Where FileName='File' and
Extension='txt' and Drive='c:'")
For Each objFile in colFiles
Print objFile.Drive & objFile.Path
Print objFile.FileName & "." & objFile.Extension
Next
```

亚历克斯：我有一个程序可以接收启用多个句柄。现在我想启动两个该程序的句柄，然后通过 UFT 测试来作个比较。怎么才能实现？

我：我们只需要同时使用 SystemUtil.Run 来启用两个程序句柄，然后使用 index：=0 和 index：=1 分别识别它们。

亚历克斯：这次我将这件事情变困难点。我不希望你在识别它们时使用 index。

我：它们在多个句柄里有同样的标题，还是不同的标题呢？

亚历克斯：它们有同样的标题。

我：（同样的标题。他不希望我使用标题 index 来识别对象了。那么，什么会是唯一的呢？我想现在必须使用 HWND 了。）

即使标题是一样的，两个窗口也会有一个唯一的 Windows Handle(HWND)。可以使用 HWND 来识别窗口。

亚历克斯：但是，当不允许使用 index 时，怎么可以找到两个窗口的 HWND？

我：可以使用 Window("title:=App", "index:=0").GetROProperty("hwnd")获取第一个和其他的窗口句柄，但是你也限制了使用它。

（没有了 index……现在需要 ChildObjects）

UFT 有一个通用对象名叫 Desktop，它支持 ChildObjects 方法。我们可以创建一个描述，包含标题字符串，然后使用 "Desktop.ChildObjects" 来匹配窗口。最后，我们可以在集合中循环不适用 INDEX 来获取两个窗口的句柄！换句话说，我需要通过如下代码来获取两个窗口的 Windows Handle：

```
Set oDesc = Description.Create
oDesc("title").Value = "App"
Set oParent = Desktop.ChildObjects(oDesc)
For ix = 0 to oParent.Count-1
Print "Handle of Window #1: " & oParent(ix).GetROProperty("hwnd")
Next
```

亚历克斯：我有以下代码：

```
Set oDesc = Description.Create
oDesc("title").Value = "Test"
Window(oDesc).SetTOProperty "title","Best"
Msgbox Window(oDesc).Exist(0)
```

我有这个标题为 Test 的窗口，而不是 Best。上面的代码会输出什么？

我：Exist 会返回 True。在描述性编程中使用 SetTOProperty 没有任何作用。虽然这条语句运行时不会返回错误，但它实际上不会做任何操作。

亚历克斯：假设一个程序的 WebList 中有 10 个选项，我想一次性读取全部的 10 个选项，需要怎么做？

我：可以使用 GetROProperty("all items")，它会返回以分号(;)为分割符的所有 10 个选项。

亚历克斯：哪个测试对象属性决定了一个 Web 控件是否禁用？

我：只有禁用属性可以决定。

亚历克斯：怎么在一个 Web 页面上右键单击一个链接？

我：如果我们使用 UFT11，那么可以使用 RightClick 方法。否则，可以使用单击方法，同时传入鼠标按键参数为 micRightBtn。

亚历克斯：在 UFT 启动中我只选择了 Web 插件，现在我想实现自动化一个基于窗口的应用程序，需要怎么做？

我：不需要任何操作。识别标准窗口程序不需要任何插件。无论 Web 插件是否加载，都不会有任何区别。然而，如果目标是仅自动化一个标准窗口程序，则没有任何必要来选择 Web 插件。

亚历克斯：你在 WebTable 中怎么单击一个单元格？

我：假如在表格中没有子表格，可以使用下列代码添加到层次上：

```
WebTable().WebElement("html tag:=TR", "index:=" & (row-1)).
WebElement("html tag:=TD", "index:=" & (col-1)).Click
```

这里的诀窍是 TD 标签代表了实际的单元格。

另一个办法是在表格上使用文档对象模型对象。

```
WebTable().object.Rows(row-1).Cells(Col-1).Click
```

亚历克斯：怎么实现在 WebTable 中双击一行？

我：使用我告诉你的方法来获取单元格的 WebElement，然后使用 FireEvent 方法在元素上触发 ondblclick 事件。

亚历克斯：我在 UFT 设置了一个断点，当运行测试时，UFT 没有在断点处停止，这是一个问题吗？

我：调试有一个前提条件是：微软脚本调试器必须安装在机器上。如果没有安装，断点不会工作。而且，如果我们配置 UFT 的 Run mode 为 Fast，那么同样的，断点不会工作。

亚历克斯：我有一个场景是在测试开始时数据就被引用了，然后在测试结束时导出了数据。现在我想将我 QC 中的脚本更新一次数据，该怎么做？

我：DataTable.Import 语句可以获取和 QC 路径一样的本地路径，但是我们不能按照同样的方式使用 DataTable.Export。那么，如果要将这种测试移动到 QC 中，需要添加代码来导出数据到一个临时文件，然后使用 OTA 应用程序接口来删除 QC 中的文件，而且再次添加文件作为附件。

亚历克斯：为什么删除已经存在的文件？

我：QC 应用程序接口不允许覆盖已经存在的附件，因此我们不得不先删除文件。

亚历克斯：你发现这种方法有问题了吗？

我：是的，这种方法在多个测试共享一样数据时不能工作，它们会并行执行。这样会造成某个数据被覆盖的冲突。这会对测试造成严重影响，就是测试并未运行时，测试会使用不对的和/或缺失的数据。

亚历克斯：什么是 QC OTA 应用程序接口？

我：QC OTA 应用程序接口的意思是 Quality Center 开放测试架构应用程序接口。这些应用程序接口通过 QC 客户端安装，而且会为自动化工程师显示 COM 接口。这些应用程序接口提供了多种数据库表以及 QC 中 Requirement，Test Plan，Test Lab，Defects 等对象的访问。

亚历克斯：你会怎么写一段代码来实现上传一个附件到 QC 中？如果需要，可以参考你前面的笔记本中安装的 QC。

我：当然，给我两分钟。以下是函数：

```
'Function to Add an attachment to a specified object
Public Function AddAttachment(ByVal TOObject, ByVal FileName)
Dim oNewAttachment
'Upload the new file
Set oNewAttachment = TOObject.Attachments.AddItem(Null)
oNewAttachment.FileName = FileName
oNewAttachment.Type = 1 'TDATT_FILE
oNewAttachment.Post
'Return the new attachment
Set AddAttachment = oNewAttachment
End Function
```

为了添加附件到测试的 CurrentRun，只需要像下面一样调用它：

```
Call AddAttachment(QCUtil.CurrentRun, "C:\File.txt")
Alex: This won't work if you have an existing attachment.How would you
remove the existing attachment, if any?
```

我：我们再创建另一个函数：

```
'Function remove an existing attachment from an object
Public Function RemoveAttachement(ByVal FromObject, ByVal FileName)
Dim oAttachments, oAttachmet
Set oAttachments = FromObject.Attachments.NewList("")
'No attachments removed
RemoveAttachement = False
For Each oAttachment In oAttachments
If oAttachment.Name(1) = FileName Then
FromObject.Attachments.RemoveItem (oAttachment)
'Attach ment has been removed
RemoveAttachement = True
Exit Function
```

```
End If
Next
End Function
```

我们在 AddAttachment 函数中再添加相同的调用。

亚历克斯：好的。怎么去下载一个存在的附件呢？

我：可以使用下面的代码：

```
'Function to download attachments from a QCObject to a specified
folder
Public Function DownloadAttachment(ByVal FromObject, ByVal TOPath,
ByVal fileName)
Dim oAttachments, oAttachmet
Set oAttachments = FromObject.Attachments.NewList("")
'No attachments removed
DownloadAttachment = False
Dim FSO
Set FSO = CreateObject("Scripting.Dictionary")
For Each oAttachment In oAttachments
If oAttachment.Name(1) = FileName Then
'Load the attachment to local drive
oAttachment.Load True, ""
'Attachment was downloaded
DownloadAttachment = True
'Copy the file from temporary downloaded location to the TOPlace
folder
FSO.CopyFile oAttachment.FileName, _
TOPath & oAttachment.Name(1),True
Exit Function
End If
Next
End Function
```

亚历克斯：我想储存和运行本地硬盘上的所有脚本。QC 中有一个 TestSet，包含了一个同样名称的测试。怎么能运行我本地的脚本，然后在 QC 上更新状态？

我：首先需要的是包含有测试用例的 TestSet 的名称。为了使用名称来获取 test set，可以使用下列代码：

```
Function GetTestSetFromName(ByVal TestSetName)
Set TDC = QCUtil.QCConnection
'Get the TestSet factory
Set TSFac = TDC.TestSetFactory
'Put the filter for our test set
Set oFilter = TSFac.Filter
oFilter("CY_CYCLE") = """" & TestSetName & """"
'Get the fitered test
Set oTestSet = TSFac.NewList(oFilter.Text)
If oTestSet.Count = 1 Then
Set GetTestSetFromName = oTestSet(1)
Else
Msgbox "Error occured。TestSet not found or multiple test sets
found"
End If
End Function
```

现在需要一个类，它能捕捉测试的时间，而且在测试失败时创建一个 run。

```
Class QCReportStatus
Sub Class_Initialize()
MercuryTimers("TestDuration").Start
End Sub
Sub Class_Terminate()
MercuryTimers("TestDuration").Stop
Dim sStatus
'Check the status of the Test
Select Case Reporter.RunStatus
Case micFail
sStatus = "Failed"
Case micDone, micPass, micWarning
sStatus = "Passed"
End Select
Set oTestSet = GetTestSetFromName("Unit Testing")
Set oFilter = oTestSet.TSTestFactory.Filter
oFilter.Filter("TS_NAME") = """" & Environment("TestName") &
""""
Set oTestSetTest = oTestSet.TSTestFactory.NewList(oFilter.Text).
item(1)
```

```
Set oNewRun = oTestSetTest.RunFactory.AddItem(Null)
'Lock the object
oNewRun.LockObject
oNewRun.AutoPost = True
'Get a unique name
oNewRun.Name = oTestSetTest.RunFactory.UniqueRunName
oNewRun.Field("RN_DURATION") = MercuryTimers("TestDuration")\1000
'Set the run status
oNewRun.Status = sStatus
'We are done unlock the object
oNewRun.UnLockObject
End Sub
End Class
Dim oQCReporter
Set oQCReporter = New QCReportStatus
```

亚历克斯：UFT 提供的参数有哪些不同的类型？

我：包括操作参数、测试参数、环境变量，以及数据对象。

亚历克斯：测试参数和操作参数的区别是什么？

我：一个不同点是它们访问的方式。测试参数用 TestArgs 对象访问，而操作参数用参数对象访问。测试参数可以被所有操作访问，而操作参数只能被特定的操作访问。操作参数可以在测试中传递，而测试参数只能从外部传递。测试参数在 File->Settings->Parameter 目录中设置，而操作参数使用操作属性对话框设置。

亚历克斯：你说测试参数可以通过外部传递，怎么实现的？

我：当单击 Run 按钮时，有一个对话框让选择测试结果存放的位置。它也提供了另一个选项卡来设置输入参数的值。

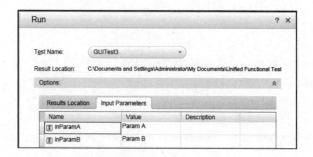

另一个方法是使用 UFT 自动化对象模型。UFT 自动化对象模型中的测试对象的 Run 方法有一个可选的参数用来指定这些参数。

```
'Create the Application object
Set qtApp = CreateObject("QuickTest.Application")
'Start UFT
qtApp.Launch
'Make the UFT application visible
qtApp.Visible = True
qtApp.Open "C:\Tests\ParamTest"
'Retrieve the parameters collection defined for the test.
Set oParams = qtApp.Test.ParameterDefinitions
'Get the parameters
Set oRunParams = oParams.GetParameters()
'Update the parameters
oRunParams.Item("inParamA").Value = "Value for Param1"
oRunParams.Item("inParamB").Value = "Value for Param2"
'Pass the parameters with updated value
qtApp.Test.Run , True, oRunParams
```

亚历克斯：我启动了一个测试，而且测试执行中报告失败，因为函数没有关联到测试上，怎么能在测试运行中去关联一个函数库呢？

我：如果测试报告了这个错误，那么测试将会在任何情况下失败，而且任何东西都不会改变。但是，如果我们仍然继续运行测试，那么仅有的可能是测试暂停时或者进入调试模式时将函数库加载上去。这时进入 command 窗口，如果是 UFT11 版本，可以使用 LoadFunctionLibrary；如果是低版本的 UFT，可以使用 ExecuteFile。

亚历克斯：我的程序在 Windows 启动时被调用。我想使用 UFT 来自动化，需要做什么？

我：UFT 总是有一个前提条件，就是它必须自身比应用程序先启动。但是，这在标准窗口程序上是一个例外。他们甚至可以在以前的 UFT 版本上运行，并工作正常。如果程序是依赖于任何插件的，如 VB、ActiveX、Web 等，它会工作不正常。这种情况下，我们需要终止并再重新启动它。

亚历克斯：为什么程序比 UFT 先启动，UFT 就会工作不正常？

我：我猜它应该是一个设计上的限制。我得知的 UFT 的工作方式，每个插件都有一个特定的 DLL 钩子，它会注入到被测程序的进程和 UFT 中，同理，也在录制与回放事件时注入。当 UFT 启动时，这些钩子会激活，而且所有的、新的进程会等待 UFT 钩住应用程序后，才会启动。UFT 之前启动的任何程序将不会有钩子，所以 UFT 就不能正确地识别应用程序。

亚历克斯：为什么它能在 Windows 类型的程序上工作？

我：Windows 自身提供了很多应用程序接口为标准窗口程序使用。这些应用程序接口不需要任何钩子，而且能被任何进程调用。我相信，UFT 也可以使用这些应用程序接口调用来完成在 Windows 对象上的操作，所以它甚至可以在比 UFT 前启动的程序上运行。

亚历克斯：调试时，Step Into，Step Over，and Step Out 的区别是什么？

我：Step Into 会跳到下一行需要之行的代码，然后在上面暂停执行。如果有一个 Function 语句，执行会停留在 Function 中的第一条需要执行的语句上。

Step Over 会完全执行语句，然后在下一条需要执行的语句上暂停执行。假设当前语句是一个 Function 调用，所有的 Function 中的代码会被执行，而且执行会停留在 Function 后的第一条需要执行的语句上。

Step Out 是用来执行所有代码的，直到前一个调用语句完成。

当在一个 Function 中使用 Step Out 时，它会从用来调用 Function 的调用语句中跳出来。代码会在调用代码中的下一条可执行语句上暂停。

亚历克斯：怎么运行一部分的脚本？

我：UFT 提供了一个功能，叫'Run from Step'。我们可以在代码中的任意地方单击右键，选择'Run from Step'使代码从此处开始执行。但是，这个功能的一个问题是，UFT 移除该行之前的所有文字，然后执行代码。因此，如果在该行之前有一个 Function，而该行之后调用了之前的 Function，UFT 会抛出一个 Type mismatch 的错误，因为代码附属的 Function 已经被 UFT 删除掉了。如果函数库是 UFT 测试动态加载的，则肯定会抛出错误。如果函数库不是动态加载的，部分执行代码可能会不按预期执行。

亚历克斯：每次登录后，服务器会返回一个会话 ID。怎么通过 UFT 来处理这样一个程序？

我：当用户手工登录一个网站，他们没必要手工处理这些会话 ID，他们会有服务器和浏览器自动处理。在 UFT 中，我们模拟了用户所做的事情，因此没必要处理任何与会话相关的信息。

亚历克斯：在一个 Web 页面上有一个表格，它会异步加载，页面加载完毕后仍然有很多行在更新中。你会怎么处理这种情况，因为你也不知道行的数量？

我：处理异步对象或者时间是比较困难的，而且必须有一个自定义的方案，它可能会与对象的声明完全独立。这个情况下，行的数量是比较稳定的，在每几秒钟后，我们去获取行的数量，然后与最后一次获取的结果作比较。如果 RowCount 一样，就确定这个表是加载完成了。可以通过多次测试，调整好这个刷新时间，发觉一个最优化的时间来保证这个方法稳定执行：

```
oldRowCount = 0
newRowCount = GetCount from Table
While newRowCount <> oldRowCount
oldRowCount = newRowCount
Wait 3
newRowCount = Get row count
Wend
```

这个方法下半部分的代码会影响性能，因为固定的等待时间以及每几秒中都会重新检查数量。但是，就算它会影响性能，它也仅仅是我能找到的 VBS 脚本和 UFT 能提供的能解决这个问题的方法。

亚历克斯：在你的脚本中，你会使用哪些调试技巧？

我：在单元测试和代码执行时拥有针对错误的、足够的信息对修复一个问题有很大影响。在改进调试方面，通常有如下的关键技术：

- 合适的函数日志、参数等。每个函数的第一行记录了函数名称和它的参数。所有这些内容会被记录到一个调试文件中。

- 将所有的实际和期望的结果记录到报告中。有时，开发人员在失败时不会记录实际的值。我总是会尝试和确定是否记录了足够的信息。

- 我会经常使用断点来调试代码流。

- 为了停止测试运行，我会通过 command 窗口或者 watch 来尝试改变运行中的值。这样节约了时间来开发脚本，而且给我一个平台，观察不同组数据在运行时会产生什么缺陷。

以上这些是我通常使用的关键手段。

亚历克斯：当尝试自动化一个程序时，一些程序中的对象会被识别为 WinObject。怎么能使 UFT 正常地识别对象呢？

我：当 UFT 识别对象为 WinObject 时，有可能这个对象是以非标准方式进行声明的。首先，我们可以尝试映射用户自定义对象到已知的测试对象类型，然后查看它是否能工作。

这个功能可以在 Tools->Object identification 设置中找到。

如果这样做不行，问题可能出在程序的编程技术上面。可能是这种情况，程序是一个.NET 应用程序，但是我们没有加载必须的.NET 插件。因此，我们需要检查程序使用的技术，而且检查 UFT 关联的插件是否已经加载上了。

如果都不能工作，唯一的选择是使用 WinObject 的方法或者虚拟对象。

亚历克斯：如果测试结果失败，那么怎么发送一封邮件？

我：这个问题包括两件事情：一件是在脚本结束时检查脚本的状态；另一件是发送邮件。

为了在脚本末尾处检查状态，可以在全局函数库中实例化一个类，它会在测试结束后自动销毁。这样将会在对象上触发 Class_Terminate 事件。那么，我们可以检查 Repoter.RunStatus 是否返回 micFail，如果返回了，就代表该测试失败了。

现在看看发送邮件，我们可以利用 Microsoft CDONTS 或 Outlook 写自定义代码来实现。同样可以使用这个发送邮件。

亚历克斯：怎么能将 XML 结果或者结果文件夹附加在这封邮件上面？

我：发送 XML 文件的一个问题是它不能在脚本里面实现。原因是，如果我们将发送邮件的代码放到脚本中，然后试着去附加测试结果，它会抛出一个拒绝访问的错误，因为脚本在运行中，而且 XML 结果正被 UFT 使用。那么，留给我们的只有一个选择了，就是使用 UFT 自动化对象模型来执行我们的脚本，然后当脚本完成后，发送带附件的邮件。

亚历克斯：怎么在测试结果概要里添加一个图片？

我：Reporter.ReportEvent 方法有一个可选参数，它可以设置为图片的路径。我们可以使用这个可选参数来为测试结果添加图片。但是，这个方法只在 UFT 10 或更高版本中适用。

亚历克斯：怎么为测试结果添加 HTML？

我：没有直接的方法来实现。虽然有一些未公开的方法。一个是在文本中使用> 或者 < 标志，然后在后面加入 HTML 文本：

```
Reporter.ReportEvent micPass, "Color Text", "&lt;<B>This is bold
text"
Note: The above approach doesn't work in UFT 1anymore.But
there is another undocumented method LogEvent for Reporter
object which allows us to Report HTML text and also Add
images to the Test Result Summary.
Set oEventDesc = CreateObject("Scripting.Dictionary")
oEventDesc("ViewType") = "Sell.Explorer.2"
oEventDesc("Status") = micPass
oEventDesc("EnableFilter") = False
oEventDesc("NodeName") = "HTML Text"
```

```
oEventDesc("StepHtmlInfo") = "<TABLE border='1'>" & _
"<TR><TD>Actual Value</TD><TD>Tarun</TD></TR>" & _
"<TR><TD>Expected Value</TD><TD>Tarun Lalwani</TD></
TR>" & _
"<TR><TD>Checkpoint Status</TD><TD
style='background-color:red'>Failed</TD></TR>" & _
"</TABLE>"
newEventContext = Reporter.LogEvent ("Replay",oEventDesc,Reporter.
GetContext)
Function AddFileTOReport(ByVal FileName, ByVal NodeName)
Dim oDesc
Set oDesc = CreateObject("Scripting.Dictionary")
oDesc("ViewType") = "Sell.Explorer.2"
oDesc("Status") = micInfo
oDesc("StepInfo") = ""
oDesc("NodeName") = NodeName
oDesc("IsDirectEvent") = True
oDesc("BottomFilePath") = Replace(FileName, Reporter.ReportPath
& "\Report\","")
oDesc("ShowTopFile") = True
oDesc("EnableFilter") = False
oDesc("Action") = "InActUser"
oDesc("DllPAth") = Environment ("ProductDir") & "\bin\Context-
Manager.dll"
oDesc("DllIconIndex") = 206
oDesc("DllIconSelIndex") = 206
Reporter.LogEvent "User", oDesc, Reporter.GetContext ' Reporter.
GetContext
End Function
Desktop.CaptureBitmap Reporter.ReportPath & "\Report\MyFile.png"
AddFileTOReport "MyFile.png", "My File"
```

上述的方法只能在 QTP 9.5 或者以下的版本中使用。在 QTP 10 或者更高的版本中，需要使用最后一个参数 Reporter.ReportEvent。

亚历克斯：怎么将结果生成为 HTML 格式？

我：一种方法是在脚本中写一个函数，然后以 HTML 格式发送结果。

另一种方法是在注册表中激活 Log Media。UFT 报告全都是 Media 形式的，它仅仅是一个

DLL 文件。默认情况下，UFT 使用报告 media，它会生成 XML。同样，有一个类似的 media 叫作 Log，它会产生 HTML 结果。默认情况下，UFT 将它设置为禁用，但是我们可以在注册表中启用它。

注释：打开 Windows Registry (regedit.exe)，浏览下列的键值：

```
HKEY_LOCAL_MACHINE\SOFTWARE\Mercury Interactive\
QuickTest Professional\Logger\Media\Log
Change the value of Active from 0 to 1
```

亚历克斯：我在对象库中有一个 Browser 对象，它使用 CreationTime 属性做对象识别。当前的 CreationTime 值设置为 0。有两个浏览器打开了，一个的 CreationTime 值为 0，另一个的 CreationTime 值为 1，标题为"KnowledgeInbox"。如果运行下列代码：

```
Browser("Browser").highlight
Browser("Browser").SetTOProperty "title", "KnowledgeInbox"
Browser("Browser").highlight
```

将发生什么情况？

我：将会同时高亮两个浏览器。虽然代码看起来没问题，但是这里 SetTOProperty 是罪魁祸首。当使用 SetTOProperty 设置属性时，如果在对象库中该属性不存在，那么它将不会有任何作用。因此，为了让它能工作，我们需要在对象库为 Browser 对象添加标题属性。

亚历克斯：假设有下列代码：

```
Browser("Browser").SetTOProperty "title", "Knowledge.*"
Browser("Browser").Highlight
```

对象库中的'Browser'对象有一个标题的属性名称为"KnowledgeInbox"，另外也有一个浏览器有同样的标题。当运行这段代码时，会发生什么情况？

我：它可能会抛出一个错误，也可能不会抛出，取决于对象库中设置的值。如果在对象库中正则表达式复选框被勾选，以上代码就会正常工作。否则，代码无法工作。使用对象库时，没有其他办法来设置或者取消设置运行时的正则表达式属性。只能使用或不使用带有正则表达式的描述性编程来配置运行时的描述。

亚历克斯：有一个网页包含了多个链接，并且都是同一个链接。你需要单击其中一个链接，你会怎么做？

我：无论何时有多个链接时，我们只需要知道我们想单击的链接的 index。现在因为存在多个链接，它们都在网页界面上有对应的文字，帮助用户选择其中一个他们想单击的链接。因此，我们需要一个类似的逻辑，它能使用一个能给我们目标对象的 index 的相关对象。我们可以使用一个带有一个 x 和 y 坐标，或者通过使用相关锚点的近似方案完成操作。另一个功能我们使用的是 Visual relation identifier，可以指定相关链接附近的对象。但是，这个功能只在 UFT 11 中适用。

亚历克斯：有一个需要做自动化的 Windows 程序，程序现在有一个问题是，它的标题工作时一直变。程序可以轻易地识别其他对象，但是窗口本身是一个问题。你会自动化测试这样一个程序吗？

我：这种情况，有 3 种方法可以解决。

一种方法是将所有对象的识别属性中的标题属性都移除掉。

Regexpwndclass 对于 Window 对象也是默认的，而且如果它对于其他 Windows 是唯一的，那么就能完成这个工作。但是，前提是在这种情况下只能有一个该程序的句柄能被打开。

第二种方法：如果我们能识别第一次的标题就能成功。因此，如果程序被启动了，而且初始化标题是常量，那么它就能被识别。可以将第一个 Window 对象添加到对象库中，然后获取它的窗口句柄。这个窗口句柄为程序的会话保留了一个常量，因此我们现在可以使用这个句柄来识别窗口了。

```
Hwnd = Window("Static").GetROProperty("hwnd")
Window("Dynamic").SetTOProperty "hwnd", hwnd
```

第三种方法是：如果在当前的句柄中我们知道什么是对象的标题，那么我们就能在操作对象前使用标题。

亚历克斯：使用 UFT 自动化对象模型能在运行时加载函数库吗？

我：是的，可以使用 ExecuteFile 或者 LoadFunctionLibrary 方法在运行时加载一个函数库。

亚历克斯：我有一个 Excel 表格中包含一个小的按钮，怎么能单击它呢？

我：UFT 的对象识别在大多数微软工具上会失败，如 Word、Excel 和 Outlook。因此，在这种情况下，我们不能使用普通的对象。一个方法是使用虚拟对象，另一个方法是看是否有可能通过 Excel COM 应用程序接口来获取到对象的访问权。它可能会，也可能不会依赖于 EXCEL COM 应用程序接口提供的显示以及不提供的显示。

亚历克斯：你在 UFT 中使用过相对路径吗？

我：使用过。

亚历克斯：它们是用来做什么的，以及它们是怎么工作的？

我：相对路径不会指定一些资源的完全路径，这些资源包括对象库、函数库文件、恢复场景文件，或者一个数据。它们指定了一个相关的路径。相关的路径可以在 Tools-Options-Folder 标签中配置。默认情况下，当前的测试文件夹会添加到里面。我们也可以添加一个文件夹绝对路径或者一个文件夹相对路径。举个例子，"../Framework" 的含义是进入当前脚本的上级目录，然后加入 Framework 文件夹到当前的路径下面。我们可以加入多个文件夹到这个文件夹选项。一旦创建了这些文件夹选项，就能使用相对路径来添加文件。当 UFT 需要这些文件时，它会根据文件夹选项标签中的路径来合并文件的相对路径，然后检查文件是否存在。当它获取到第一个匹配结果时，它会使用这个结果。这个相对路径对于创建框架脚本很有帮助，这个框架能够很容易地从一台机器移植到另一台机器。规划良好的相对路径可以省去很多维护成本，即使是可复用的代码和操作都移动到另一个位置时。

亚历克斯：怎么能使用它在代码运行中找到文件？

我：有一个通用对象叫 PathFinder，UFT 使用它来完成这个工作。它会获取相对路径，而且定位文件，并返回第一个匹配结果。

```
filePath = PathFinder.Locate("Data.xls")
filePath = PathFinder.Locate("..\DataSheets\Data.xls")
```

亚历克斯：怎么将结果写入到 Excel 中？

我：可以在数据中写入任何内容，然后使用 DataTable.Export 导出表格。但是，加入我们查看使用颜色、字体等的报告，需要创建一些可复用的、能够使用 EXCEL 应用程序接口来插入数据的方法。

亚历克斯：告诉我一些 UFT 中模拟键盘事件的不同方法？

我：一个是使用 UFT 测试对象提供的 Type 方法。也可以使用 WScript.Shell 对象的 SendKeys 方法。UFT 提供了一个未公开的对象 Mercury.DeviceReplay。它也能被使用。它有诸如 SendString、PressKey、KeyUp 和 KeyDown 这些方法，它们能用来模拟键盘操作。还有一个 Windows 应用程序接口 keybd_event，用来发送键盘事件。但是，这个方法与我提到的其他 3 个方法相比要复杂得多。

注释：下面的代码模拟了怎么使用 keybd_event 应用程序接口来模拟键盘单击事件

```
'Public Declare Sub keybd_event Lib "user32" Alias "keybd_event"
(ByVal bVk As Byte, ByVal bScan As Byte, ByVal dwFlags As Long,
ByVal dwExtraInfo As Long)
extern.Declare micVoid,"keybd_event","user32" ,"keybd_event" ,micbyt
```

```
e,micbyte,miclong,miclong
'Private Declare Function MapVirtualKey Lib "user32" Alias "MapVirtualKeyA"
(ByVal wCode As Long, ByVal wMapType As Long) As Long
extern.Declare micLong,"MapVirtualKey","user32","MapVirtualKeyA",mic
Long, micLong
Const KEYEVENTF_EXTENDEDKEY = &H1
Const KEYEVENTF_KEYUP = &H2
Const KEYEVENTF_KEYDOWN = &H0
Sub KeyDown(KeyAscii)
extern.keybd_event KeyAscii, extern.MapVirtualKey(KeyAscii, 0),
KEYEVENTF_KEYDOWN, 0
End Sub
Sub KeyUp(KeyAscii)
extern.keybd_event KeyAscii, extern.MapVirtualKey(KeyAscii, 0),
KEYEVENTF_KEYUP, 0
End Sub
Sub KeyPress(KeyAscii)
extern.keybd_event KeyAscii, extern.MapVirtualKey(KeyAscii, 0),
KEYEVENTF_KEYDOWN, 0
extern.keybd_event KeyAscii, extern.MapVirtualKey(KeyAscii, 0),
KEYEVENTF_KEYUP, 0
End Sub
Const vbKeyControl=17
Const vbKeyEscape=27
Const vbKeyR=82
Call KeyDown(vbKeyControl)
Call KeyDown(vbKeyEscape)
Call KeyUp(vbKeyEscape)
Call KeyUp(vbKeyControl)
Call KeyPress(vbKeyR)
```

亚历克斯：ReplayType 具体是做什么的，什么时候需要使用它？

我：ReplayType 是一个只针对 Web 插件的设置。它指定了 Web 对象上的事件是否需要通过鼠标和键盘模拟来实现或者它们是否需要通过内部浏览器事件来实现。当通过浏览器事件实现操作时，一些应用程序可能不会按照预期回放。举个例子，如果在 WebEdit 里键入内容，而且在应用程序上启用了 WebButton，那么使用 ReplayType 设置浏览器事件可能不会启用这个按钮，因为当设置 WebEdit 的值时，必要的事件没有被触发。这种情况下，需要使用鼠标模式 ReplayType。

亚历克斯：为什么我们不一直使用鼠标模式 ReplayType？

我：因为有如下缺点，所以没有使用：

- 鼠标模式回放比正常模式回放慢；

- 鼠标模式在机器被锁定时无法正常工作；

- 如果应用程序在事件中丢失掉焦点，则鼠标模式回放可能不可靠。

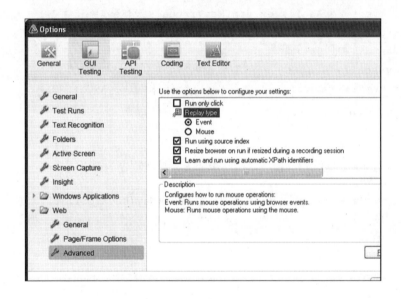

亚历克斯：针对 Windows 对象有类似的设置吗？

我：没有。对于 Windows 对象，可以使用 Type 方法来代替。

注释：对于 WinEdit 对象，改变回放类型的设置是存在的，但是在 UFT 帮助里并没有公开。下面提供的代码行会为 WinEdit 上的文字设置激活键盘的回放：

```
Setting("Packages")("StdPackage")("Settings")
("ReplaySetTextWithType") = 1
```

亚历克斯：我们可以在锁屏的机器上运行脚本吗？

我：只能部分执行，并不是全部。如果我们在一个锁屏的机器上运行一个脚本，会面临以下问题：

- UFT 可能无法识别对象。虽然它应该能识别所有的 Web 对象。

- 使用 CaptureBitmap 捕捉的屏幕截图会显示一个黑屏。

- UFT 在 Web 对象上执行操作会失败。

- 如果 ReplayType 设置配置为鼠标，在 Web 对象上操作仍然会失败。

- 如果测试运行在一个锁屏的机器上，UFT 测试结果概览也会显示一个警告。但是，我们可以通过注册表禁用它，只需要将 SkipEnvironmentChecks 的值设置为 1。

这些问题使 UFT 很难在或者几乎不能在锁屏的机器上运行一个测试。

注释：SkipEnvironmentChecks 的值在下列系统注册表中可以定位：

HKEY_LOCAL_MACHINE\SOFTWARE\Mercury Interactive\QuickTest Professional\MicTest

注释：当机器被锁屏时，为了在 Windows 对象上执行操作，不能使用常规的方法。这种情况下，我们可以依赖于使用 Windows 消息架构。我们可以找到需要使用的对象的句柄，发送合适的消息。

下列代码针对按钮发送了一个单击事件

```
Const BM_CLICK = &HF5
hwnd = Window("Explorer").WinButton("OK").GetROProperty("hwnd")
'Send the click event to the button
IResult = extern.PostMessage(hwnd, BM_CLICK, 0,0)
Windows Messages reference for various controls can be
found on the link below:
msdn.microsoft.com/en-us/library/bb773169%28v=VS.85%29.
aspx
```

注释：为了在脚本执行前解锁一台机器，可以使用 Logon 功能。以下链接可以使用这个功能：

www.softtreetech.com/24x7/archive/51.htm

注释：可以使用虚拟化来创建不同的虚拟图片，然后在他们上面运行脚本。这个办法可以让我们锁定主机器，但是所有运行在主机器上的虚拟机必须在非锁定情况下运行。

亚历克斯：什么是虚拟对象？

我：虚拟对象在 UFT 完全不能识别目标对象时会被使用，然后我们可以将对象的指定区域通过坐标、宽度和高度来映射。这个映射可以用在复选框、按钮、表格、列表或者单选框虚拟对象上。

亚历克斯：在测试中，你怎么使用它们？

我：创建虚拟对象有一个向导。一旦创建了虚拟对象，而且我们录制了相关应用程序，UFT 会自动学习这个虚拟对象。通常，我不会去录制，因此我不太喜欢使用这个方法。我宁愿使用描述性编程来做。

亚历克斯：那么，怎么在描述性编程中使用它呢？

我：基于不同的对象类型，存在不同的强制属性。就像 VirtualButton 对象有 x 坐标、y 坐标、宽度和高度作为强制属性。我们需要为它创建描述，然后使用：

```
Window("Test").VirtualButton("x:=10", "y:=10",
"width:=10","height:=10").Click
```

亚历克斯：怎么将不同脚本的结果合并到一起？

我：现在我没有任何方法来做。但是，UFT 会将结果储存为 XML 格式，而且它完整地定义了 XML 的格式，那么可能存在一个办法来写一个脚本，将不同脚本的 XML 合并起来，而且创建一个新的 XML。但是，我没有研究过这样一个方法，因为这个方法未来会依赖惠普以后是否会更改 XML 的格式。

亚历克斯：当你保存一个 UFT 测试时，有多少文件夹会被创建？

我：一个测试的文件夹数量为 3 加上操作数量的 2 的倍数。一个文件夹存放主要测试，一个文件夹存放测试流中的 Action0。所有的其他操作文件夹都对应了测试中的每个操作。另外，在每个操作中，如果存在有 Active Screen，则还有一个额外的文件夹叫 Snaphots 存放 Active Screen 信息。

亚历克斯：一个测试还会保存哪些其他文件？

我：每个操作文件夹主要有 3 个文件。Script.mts 保存了操作的代码，ObjectRepository.bdb 保存了本地操作的对象，Resource.mtr 保存了参数定义和其他操作的相关信息。主文件夹中的 Lock.lck 文件代表了测试是否被其他用户锁定。Test.tsp 文件是 UFT 中代表这个文件夹是一个 UFT 脚本的主要标志。Parameters.mtr 保存了测试的参数和其他信息。Default.xls 保存了测试的数据。

当然，还有一些其他文件可以被 LR 使用，但是我不记得它们的名字了。

亚历克斯：怎么能将测试的脚本从已有的 UFT 版本升级到一个新的 UFT 版本？

我：一个办法是手工打开测试，然后保存。假设我们有很多脚本，那么我们可以使用 UFT 自动化对象模型来打开脚本，然后再保存。这个自动化对象模型的脚本非常简单：

```
Set UFT = CreateObject("QuickTest.Application")
```

```
UFT.Launch
UFT.Visible = True
UFT.Open "C:\TestUpgrade"
UFT.Test.Save
```

亚历克斯：我在机器 A 上安装了 UFT，我的应用程序在机器 B 上。我使用远程桌面从机器 A 连接到机器 B。我的应用程序出现在机器 B 上。我怎么来自动化这样一个程序？

我：不行。远程软件通常会以图片形式来显示远程机器代替实际机器中的操作。因此，UFT 不能在远程桌面窗口中识别任何东西。合理的规则是在被测应用程序的机器上也安装 UFT。

亚历克斯：那么，我们怎么能在 UFT 中使用远程桌面呢？

我：应用程序可以和 UFT 安装在同一台远程机器上。当 UFT 和被测应用程序都安装后，可以使用远程桌面来连接远程机器，然后运行。一个需要注意的问题是，当测试执行时，远程会话不能被中断，而且也不能被最小化。通过更新注册表，可以支持在最小化远程桌面窗口的情况下正常工作：

注释：如果想在最小化的远程桌面协议的会话上运行 UFT，如果使用远程桌面会话 6.0 版本或者更高的客户端，可以在运行远程桌面协议的客户端的电脑上设置注册表值来启用这个功能。

如果它不存在，在运行远程桌面协议客户端的电脑中的下列其中一个注册表路径中创建 RemoteDesktop_SuppressWhenMinimized 键值（DWORD 类型）：

```
For 32-bit operating systems: <HKEY_CURRENT_USER or
HKEY_LOCAL_MACHINE>\Software\Microsoft\Terminal
Server Client
```

对于 64 位操作系统：<HKEY_CURRENT_USER

```
or HKEY_LOCAL_MACHINE>\Software\Wow6432Node\
Microsoft\Terminal Server Client
```

将这个数据的值设置为 2。

必须重新启动远程会话，来使设置生效。

亚力克斯：可以打开一个远程桌面连接运行一个脚本，然后关闭远程桌面窗口吗？

我：不行，因为它相当于锁定了这台机器，而 UFT 脚本不支持在锁定的机器上工作。

亚历克斯：将函数库关联到测试的好处是什么？

我：绑定函数库允许我们在没有错误的情况下调试函数库。UFT 不允许使用 ExecuteFile 调试运行时加载的函数库。但是，UFT 有一个方法名叫 LoadFunctionLibrary，它可以支持在运行时加载函数库，而且允许调试。在任何操作前，先关联的函数库能帮助我们在启动时执行一些初始化代码。所有全局函数库中的函数和公共变量在所有的操作中都可用了。

亚历克斯：那么，ExecuteFile 和 LoadFunctionLibrary 的区别是什么呢？

我：它们的区别主要有两个。一个是通过 Executefile 加载的函数库无法在运行时调试。第二个不同点是没有公开的，与加载的函数库有关系。ExecuteFile 在调用操作的范围中加载文件。LoadFunctionLibrary 在全局范围内加载所有的函数库，不管它从哪里被调用。

亚历克斯：你可以举个例子来解释第二个不同点的不同范围的区别吗？

我：好的。假设有下列的带有一个类的函数库文件：

```
'C:\Temp\LibraryTest.qfl
Class LibraryTest
Dim TestVar
End Class
```

现在在一个测试中创建一个新的操作，然后执行下列代码：

```
ExecuteFile "C:\Temp\LibraryTest.qfl"
Dim o Test
Set oTest = New LibraryTest
```

当执行这段代码时，运行正常，没有错误。因为 LibraryTest 类在操作内部范围中被加载了。所以，我们可以使用 New 操作符来加载类对象。现在假设有使用 LoadFunctionLibrary 的相同代码：

```
LoadFunctionLibrary "C:\Temp\LibraryTest.qfl"
Dim o Test
Set oTest = New LibraryTest
```

执行上面的代码，会抛出错误。因为类在全局范围内被加载了，然后我们不能使用 New 操作符。我们需要在函数库中创建一个新的函数，它能创建对象，然后返回给我们。

亚历克斯：怎么最大化一个浏览器？

我：Desktop 上的每一个顶级对象都可以呈现为 Window 对象。为了获取浏览器的句柄，可以将它识别为 Window 对象，然后使用 Maximize 方法：

```
Hwnd = Browser("X").object.HWND
Window("hwnd:=" & hwnd).Maximize
```

注释：在 IE7 或更高版本的 IE 上，也许不能工作，因为它们有一个不同的层级。由于有标签页的支持，为了在上面工作，可以使用下面的代码：

```
Dim hwndBrw, hwndWindow
hwndBrw = Browser("Browser").GetROProperty("hwnd")
Const GA_ROOT = 2
'Declare Function GetAncestor Lib "user32.dll" (ByVal hwnd As Long,
ByVal gaFlags As Long) As Long
Extern.Declare micLong, "GetMainWindow", "user32"
,"GetAncestor",micLong, micLong
'Get the main IE window handle
hwndWindow = Extern.GetMainWindow(hwndBrw, GA_ROOT)
Window("hwnd:=" & hwndWindow).Maximize
```

亚历克斯：怎么在一个表格中对一个列排序进行测试？

我：可以比较两个连续的元素，然后查看它们是否变大或者变小。如果同样的顺序继续，那么列表将会呈现为升序或者降序。虚拟的代码可以写成如下形式：

```
bAsc = True
bDesc = True
For i = LBound(arrLOV) to UBound(arrLOV) - 1
'Check if the order is still ascending
bAsc = bAsc And (arrLOV(i) < arrLOV(i+1))
'Check if the order is still descending
bDesc = bDesc And (arrLOV(i) > arrLOV(i+1))
'If it is neither ascending nor descending we can exist
If Not (bDesc or bAsc) Then 'The list is not sorted
Next
```

亚历克斯：我有一个 UFT 测试对象，然后想在对象库中获取它的名字，怎么实现？

我：UFT 没有提供任何方法来访问对象的逻辑名称，但是每一个 UFT 中的测试对象都支持一个 ToString 方法。经过观察，我们知道它可以返回对象的逻辑名称，然后是对象的类型。虽然使用这个方法有一定风险，因为 UFT 没有公布 ToString 方法，而且这个方法不是在所有插件上都能工作。那么，如果以后他们改变了这个情况，这个方法将不能工作。

亚历克斯：你能给出一些代码来展示你所说的关于截取名称的方法吗？

我：

```
Function GetTestObjectName(Obj)
GetTestObjectName = ""
If IsNull(Obj) or IsEmpty(obj) Then Exit Function
Dim strObjectName
strObjectName = obj.ToString
strObjectName = Split(strObjectName, " ")(1) & "(""" &
Split(strObjectName, " ")(0) & """)"
GetTestObjectName = GetTestObjectName (Obj.
GetTOProperty("parent")) & "." & strObjectName
End Function
```

在以上代码中，我在对象上使用了 ToString 方法。这个方法返回了对象的类型和对象的名称。我们将字符串通过空格来分割，然后使用对象库中对象逻辑名称的数组的第一个元素。第二个元素就是对象类型。这个代码是未加工的，然后假定在逻辑名称中没有空格，而且在前面加上一个额外的点。我已经写下来给你展示这个方法，我列出的问题可以轻易地被修复。

亚历克斯：怎么获取当前测试文件夹的路径？

我：可以使用内置的环境变量 Environment("TestDir")，它可以返回当前测试的文件夹。

亚历克斯：怎么从 UFT 的测试结果转换为 PDF 文件？

我：可以通过 Test Result viewer 工具来完成。我们需要通过文件->导出到一个文件……菜单选项，单击导出按钮。然后，我们需要选择'Save as type'选项为 PDF。

亚历克斯：Active Screen 是什么，它又有什么作用？

我：Active Screen 存储了一个应用程序中每个对象设计时的图片，而且允许去加入检查点等操作。从它自身来说，我感觉 Active Screen 并未被充分使用，因为我认为录制不是一个自动化最好的方式。这些 active screens 只会在录制或者执行一个'Update Run Mode'时产生。

亚历克斯：在一个新的窗口中怎样打开一个链接？

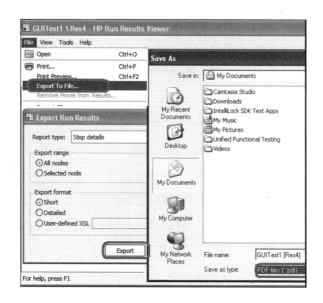

我：当按下 Shift 键时单击链接，链接会在新窗口中打开。那么，我们可以在浏览器窗口中发送 Shift 的 KeyDown 事件。然后，我们单击这个链接，并发送 Shift 的 KeyUp 事件。另一件事情是，我们也需要改变 ReplayType 为鼠标模式，因此单击事件才会通过鼠标来模拟，而不是浏览器事件。

亚历克斯：怎么能在一个操作和另一个操作之间使用一个变量？

我：在不同操作间共享数据的方法有很多。在我的印象中，使用率最高的是：

• 在全局范围内使用变量。一旦函数库与一个测试进行了绑定，测试中所有的函数库中的代码都能被所有操作所访问。因此，一个在函数库中由 Public 定义的变量可以被所有操作访问。举个例子，操作 1 可以在变量'userName'中存储值'John'，然后使用这个用户 ID 进行登录。同样的变量也可以在操作 2 中用来验证该用户是否正确登录。

• 使用环境变量。

• 使用输入操作参数和输出操作参数。

亚历克斯：Msgbox 是一个 VBS 脚本的函数。怎么在 UFT 中重写这个函数？

我：可以在代码中再定义 Msgbox 函数，如下所示：

```
Function Msgbox(text)
Print "Msgbox - " & text
End Function
```

但是，这里需要注意的是：如果在关联的函数库中定义这个函数，新的函数只会在全局命名空间中可见。在任何操作中调用 MsgBox 函数，他们会使用默认的 MsgBox 的方法。因为操作在不同的命名空间中运行。无论任何时候，需要重写函数时，我们不得不重新定义新的方法。

亚历克斯：我们有什么方法在函数库自身中保留这个函数，然后不用去一遍又一遍地定义它？

我：让我想一想：

（如果希望函数在一个地方，那么可以使用函数指针……）

为了实现这个目标，可以使用函数指针。可以将刚才的代码改成如下代码：

```
Function NewMsgbox(text)
Print "Msgbox - " & text
End Function
Dim ptrMsgBox, MsgBox
'Get the reference to new function
Set ptrMsgBox = GetRef("NewMsgbox")
'Override the message box now
Set MsgBox = ptrMsgBox
```

现在在每个操作中，我们只需在顶端添加两行将 Msgbox 方法重写成下面的新方法：

```
Dim MsgBox
'Override the message box now
Set MsgBox = ptrMsgBox
```

使用这个方法就能让函数只保留在函数库文件中，然后在每个地方都使用它的指针来重写函数。

亚历克斯：Well，you created a variable ptrMsgBox here to store the Function pointer.

Why didn't you just use GetRef ("NewMsgBox") directly in the Action?

```
Dim MsgBox
'Override the message box now
Set MsgBox = GetRef("NewMsgBox")
```

我：不使用它有一个特殊的原因。在当前命名空间中使用 GetRef 方法仅仅能获取一个方法的引用。因此，如果在操作中使用 GetRef 方法，那么它会期望在操作本身里呈现新的

MsgBox 函数。

亚历克斯：你有办法重写一个已知对象的函数或者方法吗？假设我想为 UFT 中的 Reporter 对象添加 ReportHTML 方法，也想保留所有存在的方法，怎么实现？

我：可以使用一个类似的方法，然后为了替代 GetRef 方法，我们会使用一个实际的类对象。为了实现这个目标，首先要创建一个新的类，它包含所有 Reporter 对象的方法和我们的新 ReportHTML 方法：

```
Dim oOrgReporter, oNewReporter
'The original reporter object
Set oOrgReporter = Reporter
Set oNewReporter = New NewReporter
Class NewReporter
'ReportEvent method
Function ReportEvent(Status, EventName, Description)
ReportEvent = oOrgReporter.ReportEvent (Status, EventName, Description)
End Function
'Getting the current filter value
Property Get Filter()
Filter = oOrgReporter.Filter
End Property
'Setting a new value for the filter
Property Let Filter(newValue)
oOrgReporter.Filter = newValue
End Property
'Run Status is read-only property, so we define the Get property
only
Property Get RunStatus()
RunStatus = oOrgReporter.RunStatus
End Property
'ReportPah is read-only property, so we define the Get property
only
Property Get ReportPath()
ReportPath = oOrgReporter.ReportPath
End Property
Function ReportHTML(Status, EventName, HTMLText)
'Code to report the HTML text
End Function
End Class
```

现在，当关联以上代码到一个关联函数中时，会在 oNewReporter 对象中拥有一个包含我们添加的方法的新的 reporter 对象。为了在我们的操作中使用更新后的 reporter 对象，可以在操作顶端添加下列两行代码。

```
Dim Reporter
Set Reporter = oNewReporter
```

这样，在我们操作中的任何代码使用 Reporter 对象的方法或者属性将会转到我们的类对象上。但是，这里有一件事情需要注意，如果我们在关联的函数库中调用任何函数，那么函数将会使用原始的 reporter 对象，而不是重写后的对象。因为我们至少需要一个命名空间来捕获 Reporter 对象。如果在全局命名空间中再定义 Reporter 对象，我们不能从 oOrgReporter 中获取到任何东西。下面的代码演示了这样的问题：

```
Dim oOrgReporter, oNewReporter
'The original reporter object
Set oOrgReporter = Reporter
Set oNewReporter = New NewReporter
Dim Reporter
Set Reporter = oNewReporter
```

当代码执行了'Set oOrgReporter = Reporter'时，我们会期望将原始的 Reporter 的对象存储到 oOrgReporter 中。但是，VBS 脚本会在脚本的起始处理所有变量定义。所以，我们的'Dim Reporter'会已经定义为一个空值。这就是为什么这个方法不能在关联函数库中工作的原因。

亚历克斯：我确定你能找到方法来修复这个问题。

我：（呼！我知道始终会来的……我不得不定义一个变量 Reporter，然后在使用它前不去声明它）

让我想一想。

（我确定不能直接定义这个变量。我需要在运行时定义它。啊！知道了！）

是的，有一个解决办法。我们将代码改为以下代码，因此本地的 Reporter 对象在运行时会被定义：

```
Dim oOrgReporter, oNewReporter
'The original reporter object
Set oOrgReporter = Reporter
Set oNewReporter = New NewReporter
Execute "Dim Reporter"
```

```
Set Reporter = oNewReporter
```

亚历克斯：一个应用程序有多个版本。你怎么能管理好它们？

我：一个应用程序也许会在不同的环境中运行，但是以我的经验，所有的环境彼此都会有映射。因此，一个好的自动化脚本会在每个环境中都做过一些测试。我通常由一个输入和输出 Excel 电子表格来处理多个不同的环境。因为不同环境中的输入到应用程序中的数据会不同，数据输出也会不一样。同样的业务逻辑在每个环境中驱动我的测试，但是数据从不同的源获取。

因为控制不同源的逻辑可以轻易地包含在一个驱动脚本中，这样保持单个测试脚本多份不同数据源将会变得很轻松。在项目中，当访问 Quality Center 时，它变得很容易了，因为任何用户都可以选择它们希望脚本跑的环境，然后不用手工打开 UFT，而直接从 Test Lab 执行。

亚历克斯：你使用过铅笔吗？

Me：（我不使用铅笔大概有 8 年了，但是铅笔怎么与 UFT 可以产生联系呢？）

是的，当然。

亚历克斯：你想想铅笔除了用来写字，还可以有哪十个用途？

我：（我知道现在是怎么回事了。我进行了一个深呼吸，我知道我需要从技术问题中跳出来，非常创新地回答这个问题。我在回答前放松了几秒钟。现在不能百分之百符合逻辑了。）

- 当我从干 QA 开始，我会将铅笔看作测试铅笔刀的输入。

- 可以用铅笔来装饰。

- 可以使用铅笔来绘画（跟写字不一样）。

- 可以使用铅笔屑来绘画。

- 可以使用铅笔来挠背。

（停了 5 秒钟……）

- 可以使用两支铅笔当筷子。

- 可以使用铅笔为画直线作标尺。

- 可以使用铅笔来测试橡皮。

- 可以玩铅笔大战。

（我现在快绞尽脑汁了……我又苦苦地想了 30 秒。）

- 可以使用黑铅笔做粉底，就像眼线笔（不要在家中尝试）

这些就是我能想到的所有用途了。

亚历克斯：好的。如果你是一个水果，你认为你是什么水果？为什么？

我：（我随口回答了这个问题。）

我会是一个芒果，我喜欢芒果，而且我知道其他很多人也是。没有比许多人都喜欢的东西更好的了。

亚历克斯：假设地球和月球的距离是 100 万千米，而且我给你一张无限大的纸，纸的厚度是 0.01mm。每一次我们折叠纸，纸的厚度将会翻倍。从地球到月球需要折叠多少次？

我：（我知道折叠纸多次有一些限制，我不记得是 7 次，还是 8 次。我想，与其回答这个折叠数，还不如试试其他答案。）

先生，我们想拯救树木，而且这个问题需要我们去砍伐所有的树木。

亚历克斯：（带有震惊的眼睛！）假定你有如此多的可用的纸。

我：（我知道我需要给出最大的折叠数。）

我能拿一张 A4 纸吗？

亚历克斯：当然，给。

我：（接过他给我的纸，我就开始折叠起来。）

因为纸厚，所以完成了 7 次折叠。假如纸非常薄，将能折叠更多次。因此，用这种方法任何情况下我们不能覆盖地球到月球的距离。

亚历克斯：如果给你一个机会变成一个已存在的英雄，你会选择哪一个？为什么？

我：我会选择蝙蝠侠。因为考虑的所有物理定律和人性，是他看上去相对实用的和可能的。

亚历克斯：如果一辆出租车和一辆 CMW 价钱相同，你会购买哪一辆？为什么？

我：如果我是一个专业出租车司机，我会买一辆出租车，反之，我会买一辆 CMW。

亚历克斯：如果我给你一只大象，你会怎么做？

我：我会支付你所有的费用。

（我不想找麻烦，所以为什么我会去买它……）

亚历克斯：如果你买彩票中了 100 万美元，你首先会去做什么？

我：我会首先收集好这些奖金。

亚历克斯：（微笑）Nurat，我必须说你有很好的幽默感。

我：多谢！

亚历克斯：我们的面试到尾声了，你介意在外面等一会儿吗？

我又在会议室外面等待我的下一次反馈。因为 4 个半小时一直保持同样的坐姿，我的后背很疼。这是一次像地狱一样的面试，而且我的身体完全透支了。我伸展了身体，感觉好点。在等待的同时，我重新收集了今天从早上到现在经历的一切。他们把我的面试安排的像 NASA 招募某人来完成抵达火星任务一样。他们想知道任何事情，然后不留下任何东西。如果他们要为 UFT 做一次洗脑，或许会更好，至少我会幸免得到这个痛苦。在这种奇怪的想法下，有许多其他的想法从我脑海里蹦出来，然后我想通过写一本书的方式来记录这次面试中问到的问题。

我告诉我自己，也许实际去做这件事不是一个坏主意。梦想当一个作家并不会收税。我希望我的下一轮将会是最终的 HR 的面试，但是没有人实际告诉我下一步会发生什么。亚历克斯仅是叫我等待。

就在这时，亚历克斯走出会议室告诉我 30 分钟内有一轮 HR 的面试。

35 分钟过去了，我被一个女士叫到同一个会议室参加另一轮面试。

HR 面试

Ekta：你好 Nurat，请坐，我叫 Ekta。

我：你好，Ekta。

Ekta：为什么你要离开 Sysfokat？

我：我已经为他们工作了 7 年，我希望能够通过不同的环境看到并学习到更多的东西，我相信这对于我个人生涯来说是一个转折。

Ekta：为什么想加入我们？

我：我一直有一个梦想，就是可以在一家能够彻底改变现今计算方式的公司，并与不同的领域技术专家一起共事，这对我来说是一件百利无一害的事情，相信这将是我人生的一个转折。

Ekta：你对薪水上有什么看法？

我：我认为薪水对我来说一直不是主要原因，但是和其他人一样，我也希望能够提高自己的薪水。总之，钱不是万能滴，但是没有钱是万万不能滴。

Edta：请问你的期望是多少？

我：我目前的期望是薪水涨 40%以上。

Edta：我这边可以给到你的是 25%左右，不知道你认为如何？

我：（我一下子不知道如何回答，我觉得直接说不算是一个错的回答）

不，我觉得不太合适。

Ekta：你刚才也说了钱不是你离职的主要原因？

我：是的，那的确是事实，但是我不是一个一两年就希望通过跳槽来提高自己薪水的人，我喜欢稳定的工作，如果在薪水上没有一个很好的提升，我可能会放弃这次 25%的提升机会，这其实与刚才我说的薪水不是我决定离开的主要因素并不矛盾。

（整个过程虽然我一直保持坦诚面对，但是觉得还是稍微有点耍小聪明，不知道这样回答是否会出现一些反面的影响，我只是把我想说的都说出来。）

Ekta：嗯，你这边还有其他问题吗？

我：（原先我想问有关技术面试的情况，但是后来还是决定放弃这个念头，因此我已经筋疲力尽，现在就想回到酒店里好好休息一下。）

没有其他的了，只是想问这是不是最后一轮。

Ekta：（笑了笑）没有了，只需要最后在我这里填一下表格就可以回去了，过几天我们把结果反馈给你。

我：好的。

我填完表格并交付给 HR，就离开房间了。

在回酒店的路上，我已经感觉十分的疲惫，从没有像这次一样感觉整个人走了很久很久。晚上 10 点 25 分，我回到酒店，累到连晚饭都没有吃就直接倒在床上，一直到第二天早上 6 点才醒来，我看了一下我的手机，10 个未接来电，其中有 8 个是母亲打来的，这时才想起面试前把手机调到了震动模式，但因为时间太早了，我决定先不打扰她，随后预定了早餐后差不多 7 点左右的样子，我离开酒店赶往机场搭乘 9 点半的航班。

8 点 15 分我赶到机场，Checkin 处已经排起了很长的队伍。幸运的是，工作人员取消了新德里的行李检查步骤，否则肯定赶不上这次航班，最后一直到 9 点 20 分，我才顺利通过所有检查，接着听到最后的登机语音通知，立马奔向 11 号门。

服务人员通知我需要乘坐巴士，整个巴士上就我一个人，上飞机后，除我之外的所有人都已经坐上了飞机，此时我想起母亲的电话，赶紧给母亲打个电话，让她知道我要起飞了。

我：嗨，妈！

妈：臭小子，你哪去了？昨天给你打了无数个电话都不接？

空姐：先生，请关闭您的手机，谢谢！

我：妈，飞机就要起飞了，晚上我再打给您，拜拜！

面试后续

第二天是周五，一个让人非常高兴的日子，因为公司允许员工可以穿便衣上班。当我到了办公桌上打开 Outlook 查看邮件时，我惊讶地发现才两天的时间就已经有 226 封未读邮件，我只能一封一封地读完这些邮件，但当我读完后，才发现所有邮件不是转发的，且没有任何一封邮件能让我提起兴趣来，就在我感觉这一切都是在浪费时间时，我突然意识到我还在工作，我上班的任务不就是靠这些事情消磨时间吗？这感觉就好比被闪电劈了一下。

经历了七年紧张的工作交付，此时的我有种奇怪的感觉，虽然我一直很喜欢工作，但我还是渴望能够给自己放一个小长假。

又到了和同事一起吃饭的时间了，餐桌上他们一直追问我的一个问题是：这些天你去哪里了？我一直在改变话题，始终没有正面回答这个问题。

下午我花了点时间读完了很多保存在桌面上的精华技术文章，部分内容相当引人入胜，以至于当我醒过神来，已经到回家的时间了。

到家之后，我决定在 DVD 上播放我最爱的一部电影。之所以喜欢这部电影，是因为片中会解释一些很多现实中比较有兴趣的问题。而正在我看得入神时，我的手机突然响了，一看是来自新德里的电话号码，我接起了电话：

我：你好！

对方：是 Mr.Nurat 吗？

我：是的。

对方：你好，Nurat，我是来自 MecroHard 的 HR，恭喜你已经通过了我们公司的面试，过一会我会给你发入职通知。

我：（感觉就像做梦一样，硬是愣了几秒钟没有出声）

Ekta：Nurat，在吗？

我：恩，在，很抱歉信号有点差，谢谢！

Ekta：我会给你发一封带签名的入职通知过去。

我：Ekata，这边期望什么时入职？

Ekta：一个月。

我：好的。

（我们公司规定离职需要提前 3 个月通知，我不知道一个月的时间是否可以，但此时的我完全不想跟 HR 谈这些，因为对于这次机会，我真的已经高兴到闭不拢嘴了。）

过会，我看了一下邮件，收到了 MecroHard 公司 HR 发来的入职通知，此刻我仍然不敢相信自己的眼睛，我读了一遍又一遍，最终确信成功了。不仅过了本次面试，且薪水比我之前提出的还要高一些。

接下来一个月的时间，我需要做好交接工作。真的很兴奋，我迈出了人生中非常重要的一步，真心希望在新公司能够迎接更多的挑战，并且更加出色地完成任务。

为了奖励一下自己的成果，当天晚上我独自去一家露天餐厅，看着日落喝着咖啡，脑海里一直在回想着之前发生的所有事，此刻我忍不住笑着对自己说："And I thought I knew QTP！"

读书笔记

欢迎来到异步社区！

异步社区的来历

异步社区（www.epubit.com.cn）是人民邮电出版社旗下 IT 专业图书旗舰社区，于 2015 年 8 月上线运营。

异步社区依托于人民邮电出版社 20 余年的 IT 专业优质出版资源和编辑策划团队，打造传统出版与电子出版和自出版结合、纸质书与电子书结合、传统印刷与 POD 按需印刷结合的出版平台，提供最新技术资讯，为作者和读者打造交流互动的平台。

社区里都有什么？

购买图书

我们出版的图书涵盖主流 IT 技术，在编程语言、Web 技术、数据科学等领域有众多经典畅销图书。社区现已上线图书 1000 余种，电子书 400 多种，部分新书实现纸书、电子书同步出版。我们还会定期发布新书书讯。

下载资源

社区内提供随书附赠的资源，如书中的案例或程序源代码。

另外，社区还提供了大量的免费电子书，只要注册成为社区用户就可以免费下载。

与作译者互动

很多图书的作译者已经入驻社区，您可以关注他们，咨询技术问题；可以阅读不断更新的技术文章，听作译者和编辑畅聊好书背后有趣的故事；还可以参与社区的作者访谈栏目，向您关注的作者提出采访题目。

灵活优惠的购书

您可以方便地下单购买纸质图书或电子图书，纸质图书直接从人民邮电出版社书库发货，电子书提供多种阅读格式。

对于重磅新书，社区提供预售和新书首发服务，用户可以第一时间买到心仪的新书。

用户帐户中的积分可以用于购书优惠。100 积分 =1 元，购买图书时，在 里填入可使用的积分数值，即可扣减相应金额。

特 别 优 惠

购买本书的读者专享异步社区购书优惠券。

使用方法：注册成为社区用户，在下单购书时输入 S4XC5 使用优惠码，然后点击"使用优惠码"，即可在原折扣基础上享受全单9折优惠。（订单满39元即可使用，本优惠券只可使用一次）

纸电图书组合购买

社区独家提供纸质图书和电子书组合购买方式，价格优惠，一次购买，多种阅读选择。

社区里还可以做什么？

提交勘误

您可以在图书页面下方提交勘误，每条勘误被确认后可以获得100积分。热心勘误的读者还有机会参与书稿的审校和翻译工作。

写作

社区提供基于 Markdown 的写作环境，喜欢写作的您可以在此一试身手，在社区里分享您的技术心得和读书体会，更可以体验自出版的乐趣，轻松实现出版的梦想。

如果成为社区认证作译者，还可以享受异步社区提供的作者专享特色服务。

会议活动早知道

您可以掌握 IT 圈的技术会议资讯，更有机会免费获赠大会门票。

加入异步

扫描任意二维码都能找到我们：

| 异步社区 | 微信服务号 | 微信订阅号 | 官方微博 | QQ 群：368449889 |

社区网址：www.epubit.com.cn

投稿 & 咨询：contact@epubit.com.cn